세상을 바꿀 태초의 힘

이끼적 사고

세상을 바꿀 태초의 힘

이끼적 사고

이준택 지음

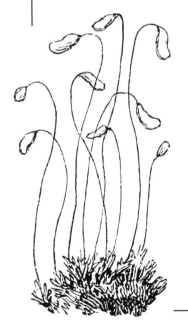

1
이갑주 (지구에게 휴가를(NGO) 이사장)

『이끼적 사고』는 자연과 인간의 생태계를 새로운 시각에서 바라보게 합니다.

이끼라는 생명체를 통해 우리가 간과했던 생태계의 중요성을 다시금 깨닫게 하며, 지속 가능한 미래를 위한 근본적인 해법을 제시합니다.

저자는 과학, 예술, 일상의 접점을 통해 이끼의 가치를 다차원적으로 탐구하며, 이를 자연 보호와 환경 보전이라는 철학적 메시지로 확장시켰습니다. 기후 위기와 환경 파괴로 심각한 위기에 처한 오늘날, 『이끼적 사고』는 우리가 실천할 수 있는 작은 행동들이 얼마나 큰 변화를 만들어 낼 수 있는지 생생히 보여줍니다.

지구를 사랑하는 마음이 담긴 저자의 책을 읽으면서, 우리 주변에서 알게 모르게 환경 보호를 실천하고 있는 사람들에게 고마움을 느낄 수 있는 시간이었습니다. 『이끼적 사고』는 단순한 자연 서적을 넘어, 우리에게 자연과 생명의 소중함을 전달하는 큰 울림을 담고 있습니다.

오랜 시간 걸쳐서 활동해 온 NGO로서 환경 보호를 위한 저자의 노력과 진심이, 책 곳곳에 녹아 있습니다. 저자의 깊은 통찰과 열정에 진심으로 경의를 표하며, 『이끼적 사고』의 출간을 축하드립니다.

2
김구철 (전 KBS 기자, 전 아리랑TV 미디어 상임고문)

환경에 대해 조금이라도 관심이 있는 사람이라면 꼭 읽어야 합니다. 왜냐하면 이끼의 놀랍고도 새로운 세계가 나를 뒤흔드는 경험을 할 수 있을 것이기 때문입니다.

『이끼적 사고』는 우리의 주변에서 흔히 볼 수 있는 이끼를 중심으로 한 놀라운 이야기들을 담고 있습니다. 저자는 이끼를 단순한 자연의 일부가 아닌 인간 삶에 깊은 영향을 미치는 존재로 바라보며, 과학적 탐구와 문화적 접근을 통해 그 가치를 제시합니다.

특히 환경 저널리즘 관점에서 주목할 만한 독창적 작품입니다. 이끼를 통해 인간과 자연의 상호작용을 탐구하는 과정은 기후 변화와 환경 문제의 해결을 위한 새로운 통찰을 제공합니다.

저자 이준택은 이끼라는 미시적 세계를 통해 인간과 지구가 함께 나아갈 방향을 제시하며, 깊은 신뢰를 바탕으로 독자들에게 지식과 영감을 전달합니다. 환경 문제를 고민하는 모든 독자들에게 이 책을 강력히 추천합니다.

3
이종승 (㈜이투유 회장)

『이끼적 사고』는 자연과 기술, 그리고 인간의 삶을 하나로 연결하는 독창적인 시각을 제시한 책입니다. 기업가로서 지속 가능한 경영의 중요성을 고민해 온 제게, 이 책은 환경과 비즈니스가 조화롭게 공존할 수 있는 해법을 제시해 주었습니다.

특히 이끼의 생물학적 특성과 산업적 활용 가능성을 다룬 2장과 5장은 기업인들에게 지속 가능한 혁신의 새로운 방향성을 제시합니다. 바이오 기술, 신재생 에너지, 그리고 친환경 건축에 이끼가 기여할 수 있는 가능성은 놀랍고도 매력적입니다.

저자는 이끼를 통해 자연과 기술의 조화를 이야기하며, 이를 미래 산업과 삶의 새로운 패러다임으로 제시합니다. 기업인뿐만 아니라 지속 가능한 미래를 고민하는 모든 이들에게 이 책을 추천합니다.

4
전광주 (전 국립한경대학교 교수)

『이끼적 사고』는 학문적으로도, 대중적으로도 큰 의미를 가진 책입니다. 이끼라는 작은 생명체를 중심으로 과학, 문학, 예술, 그리고 환경에 이르는 다채로운 주제를 통합적으로 다루며, 학문적 깊이와 대중성을 동시에 만족시키는 작품입니다.
특히 과학적 탐구가 돋보이는 2장은 학계 연구자들에게도 귀중한 자료로 활용될 수 있습니다. 이끼의 생물학적 구조와 생식 과정, 그리고 바이오 크러스트 기술은 미래 생물학과 생태학 연구의 방향을 제시합니다.

저자는 자연을 향한 깊은 애정과 학문적 열정을 바탕으로, 독자들에게 자연의 경이로움을 전달합니다. 환경 연구와 교육에 종사하는 이들에게 이 책은 새로운 아이디어의 원천이 될 것입니다.

5

김동원 (인더스트리뉴스 부사장, 편집국장)

『이끼적 사고』는 환경과 산업의 경계를 넘나드는 혁신적 접근을 보여주는 책입니다. 산업 현장에서 지속 가능한 발전을 모색하는 이들에게, 이 책은 이끼가 가진 무한한 가능성을 탐구하게 만듭니다.

특히 환경 공학과 지속 가능한 에너지 분야에서 이끼의 잠재력을 탐구한 5장은 산업 관계자들에게 큰 영감을 줄 것입니다. 이끼가 기후 변화 문제를 해결하고, 지속 가능한 농업과 신재생 에너지 분야에서 중요한 역할을 할 수 있다는 점은 인더스트리 뉴스 독자들에게도 매우 중요한 메시지입니다.

작가는 독자들에게 과학적이고 실용적인 시각을 제시하며, 자연이 제공하는 가능성을 새롭게 열어놓았습니다. 이 책은 산업과 환경의 조화로운 적용을 고민하는 모든 독자들에게 큰 가치를 선사할 것입니다.

6
차근호 (스웨덴대학교 교수)

『이끼적 사고』는 생물학과 환경학을 넘어 인문학적 깊이까지 아우르는 놀라운 책입니다. 이끼라는 작은 생명체가 과학적 연구뿐만 아니라 문학과 예술에서도 중요한 영감을 제공한다는 점을 저자는 명확히 보여줍니다.

개인적으로 이 책에서 3장 문학적 탐구가 특히 인상적이었습니다. 시와 소설, 동화에서 사용된 이끼의 상징적 의미를 탐구한 내용은 자연과 문학의 교차점을 조명하며, 연구와 교육의 새로운 길을 열어주는 의미로 해석되었습니다.

저자의 해박한 지식과 창의적 사고는 독자들에게 자연을 바라보는 새로운 관점을 제공합니다. 학문적 융합과 창의적 사고를 지향하는 이들에게 이 책은 필독서입니다.

7

백용규 (세계한국무역협 일본지역 회장)

『이끼적 사고』는 자연과 인간의 공존 가능성을 제시하며, 전 세계적으로도 중요한 메시지를 담고 있는 책입니다. 특히 일본과 같은 국가에서 이끼가 문화와 환경의 중요한 요소로 자리 잡고 있음을 생각하면, 이 책의 메시지는 더욱 깊은 의미로 다가옵니다.

저자는 이끼를 중심으로 한 과학적, 문화적, 그리고 환경적 탐구를 통해 독자들에게 새로운 시각을 제공합니다. 도시 열섬 현상 완화와 생물 다양성 증진 같은 실용적 주제부터 문학과 예술 속 상징적 의미에 이르기까지, 이 책은 다양한 독자층에게 다가갈 만한 내용을 담고 있습니다.

이준택 작가는 자연에 대한 깊은 이해와 글로벌한 시각을 바탕으로, 한국과 세계를 연결하는 의미 있는 책을 집필했습니다. 국제적인 관점에서 이 책은 자연 보호와 지속 가능성의 새로운 길을 열어줄 것입니다.

프롤로그

100마리째 원숭이 현상: 작은 변화가 세상을 바꾼다

1952년, 일본 교토대학교의 연구원들이 한 실험을 시작했다. 그들은 미야자키현의 무인도에서 원숭이들에게 고구마를 던져주고, 그들이 고구마를 어떻게 먹는지 지켜봤다. 처음에 원숭이들은 고구마의 흙을 털어내고 먹었다. 그러던 어느 날, 한 젊은 원숭이가 고구마를 강물에 씻어 먹기 시작했다. 그렇게 물로 씻어 먹으니 훨씬 맛있었다!

이 모습을 본 다른 원숭이들도 이 방법을 따라 했고, 점점 더 많은 원숭이가 강물에 고구마를 씻어 먹기 시작했다. 몇 년 후, 거의 모든 원숭이가 고구마를 씻어 먹었다. 그런데, 이 실험에서 놀라운 일이 발생했다. 어느 날, 가뭄이 와서 강물이 말라버리자, 원숭이들이 바닷물에 고구마를 씻어 먹기 시작한 것이다. 이들은 바닷물로 씻어 먹는 게 훨씬 맛있다는 걸 알게 되었다.

이제 중요한 점은, 처음엔 몇 마리 원숭이만이 새로운 방법을 배운 것이지만, 100마리째 원숭이가 이 습관을 따르기 시작하면서, 무인도에서 멀리 떨어진 다른 곳에 있는 원숭이들도 이 방법을 알게 되었다는 사실이다. 그리고 이것이 바로 '100마리째 원숭

12

이 현상'이다.

이 현상은 새로운 습관이나 문화가 일정 수의 사람이나 동물에게 퍼지면, 그것이 어느 순간 갑자기 다른 곳으로도 빠르게 확산된다는 이론이다. 처음엔 몇 마리 원숭이만 변화했지만, 일정 수의 원숭이가 변하자 그 변화가 자연스럽게 다른 원숭이들, 심지어 멀리 떨어진 곳까지 전파되었다.

이렇듯 우리가 작은 변화라도 긍정적인 방향으로 시도한다면, 그것이 우리의 주변 사람들에게 영향을 미쳐 점점 더 많은 사람들이 변할 수 있다는 것이다. 마치 '나비효과'처럼 작은 변화가 큰 변화를 불러일으키는 것처럼 말이다. 우리는 모두 그 첫 번째 원숭이가 될 수 있다. 내가 변하면, 내 주변 사람들도 변하고, 결국 세상도 조금씩 변화할 것이기 때문이다.

이 책을 통해 내가 바라는 것은, 많은 사람들이 이끼(Moss)에 대해 긍정적으로 바라보게 되는 것이다. 이 책을 읽는 독자들 역시 모두 그 100마리째 원숭이가 되어, 각자의 삶에서 긍정적이고 희망적인 변화를 만들어 가기를 바란다. 작은 변화가 큰 영향을 미치듯, 한 사람 한 사람이 내뿜는 긍정적인 향기가 주변에 퍼져나가, 결국 세상이 조금씩 더 나아지게 될 거라 믿는다.

위야(爲也) 이준택

목차

PART 3 문학으로 표현된 이끼적 사고

PART 4 환경을 지키는 이끼적 사고

PART 5 미래를 만드는 이끼적 사고

PART
1

인간을 돕는 이끼적 사고

세상을 바꾼 태초의 힘

이끼적 사고

우리의 삶 속에 스며들다

최근 과학계에서는 이끼를 주목하고 있다. 이끼가 지구 생명 활동의 근원이자, 무기물로 가득 찬 원시 지구를 유기물 가득한 녹색 지구로 변화시킨 주역이라는 사실이 밝혀졌기 때문이다. 이끼는 말 그대로 지구의 녹색 혁명을 이끈 장본인인 것이다.

지구 환경에 적응하며 살아남기 위한 생명체들의 진화 과정을 생각해 보면, 이끼는 그중에서도 가장 뛰어난 환경 적응력을 보여 준 고등식물이다. 4억 5천만 년이라는 긴 시간 동안, 이끼는 끊임없이 자신을 변모시키며 생존해 왔다. 다른 원시 식물들이 불타는 듯한 육지에 발을 들일 생각조차 못 하고 있을 때, 이끼는 그 어려운 도전에 맞서 육지를 개척한 선구자다.

태초의 지구, 바닷속에만 생명체가 숨어 살던 시대에서 벗어나,

최초로 육지에 생명을 이끈 존재가 바로 이끼다. 그 덕에 오늘날 지구는 녹색으로 뒤덮인 풍부한 생태계를 이루었고, 인간을 비롯한 다양한 생명체들이 살아갈 수 있는 터전을 만들었다. 이처럼 이끼는 세상을 만든 위대한 존재인 것이다.

이러한 역할 때문인지, 이끼의 꽃말은 '모성애'다. 이끼의 영어 이름인 '모스(Moss)'는 앵글로색슨어로 '늪지'를 의미하는 단어에서 유래했지만, 그 이름과는 달리 이끼는 부드럽고 온화한 이미지를 가지고 있다. 마치 생명을 품고 보호하는 모성애처럼, 이끼는 지구의 생태계를 부드럽게 감싸며 생명들에게 터전을 마련해주었다.

따스한 엄마의 품처럼 인간의 삶 속에 스며든 이끼를 찾아보면, 더 깊고 놀라운 내용이 많다. 먼저, 이끼는 인간이 자연을 이해하고 활용하는 데 중요한 자원이었다. 예를 들어, 고대 사람들은 이끼를 약재로 사용했다. 이끼가 항균 작용을 한다는 사실이 알려지면서 상처를 치료하거나 염증을 가라앉히는 데 쓰였다. 특히 전쟁 중 부상당한 병사들에게 이끼를 감아 상처를 보호하는 방식도 사용되었다. 이처럼 이끼는 자연 속에서 쉽게 구할 수 있는 천연 약품으로 인간의 건강을 돌보며 오래전부터 우리 곁에 존재해 왔다.

또한, 이끼는 자연의 이불처럼 우리를 따뜻하게 감싸주었다. 북유럽의 추운 지역에서는 사람들이 이끼를 모아 집의 지붕이나 벽

[그림1] 웃는 어린동자 조각상의 이끼

틈새를 메우는 데 사용했다. 이끼는 물을 잘 흡수하고 보온성이 뛰어나, 추운 겨울에 집을 따뜻하게 유지하는 데 큰 도움이 되었다. 마치 현대의 단열재처럼, 이끼는 차가운 바람을 막아주고 따뜻한 공기를 지켜주는 역할을 했다. 자연에서 얻을 수 있는 최고의 보온재였던 것이다.

이끼는 그 자체로 예술의 영감이 되기도 했다. 고대 일본에서는 이끼를 귀하게 여겨 이끼 정원을 조성했다. 자연스러운 아름다움을 사랑한 일본인들은 인위적인 꾸밈보다는 이끼가 주는 고요함과 깊이를 추구했다. 이끼 정원은 시간이 흐르면서 더욱 아름다워지고, 자연의 흐름을 느낄 수 있게 한다. 이런 정원은 단순한 조경이 아니라, 자연과 인간이 교감하는 공간이었다. 이끼가 자라나는 모습을 통해 자연의 변화를 보고, 그 안에서 느리지만 강한 생명력을 발견할 수 있다.

현대에 들어서도 이끼는 다양한 방식으로 우리의 삶에 영향을 미치고 있다. 도시의 공기 정화 프로젝트에서 이끼 벽을 활용하거나, 이끼로 미세먼지를 줄이는 연구가 활발하게 진행되고 있다. 그 작은 몸으로도 수많은 먼지와 오염 물질을 걸러내는 자연의 공기 청정기 역할을 한다. 과거에는 인간의 생존을 도왔던 이끼가, 이제는 우리가 만든 환경 문제를 해결하는 데 중요한 역할을 하게 된 것이다.

이끼와 인간의 관계는 마치 서로 도우며 함께 자라온 친구와도 같다. 인간은 이끼를 통해 자연을 더 잘 이해하게 되었고, 이끼는 그저 작은 식물로 머무르지 않고 우리 삶에 다양한 도움을 주었다. 이끼는 작고 눈에 잘 띄지 않지만, 그 존재는 우리의 삶 곳곳에 깊이 뿌리내리고 있다.

> "당신이 앉아 있는 자리에서 바로 손 닿는 곳에 신비롭고 알려진 바 없는 생물들이 산다. 극히 작은 곳에 장관이 기다리고 있다."
> −에드워드 O. 윌슨(미국, 생물학자)−

이끼를 활용한
전통 의약과 치료

이끼는 작지만, 고대부터 전통 의약에서 매우 중요한 역할을 해왔다. 현대 의학이 발달하기 전, 병원에서 쉽게 약을 구할 수 없었던 시절 이끼는 자연에서 손쉽게 구할 수 있는 소중한 약재였다. 숲이나 바위틈에서 자란 이끼는 사람들의 건강을 지키는 데 중요한 자원 중 하나로 여겨졌다.

이끼의 치유력을 나타내는 전설도 전해지곤 한다. 아주 먼 옛날에 한 자비심 많은 국왕이 죽어 그 자리에 십자가를 세웠다고 한다. 이 십자가는 얼마 되지 않아 이끼로 뒤덮였고, 그곳에 참배객은 끊임없이 찾아왔다. 그러던 어느 날, 참배를 하기위해 찾아온 젊은이가 넘어져 팔이 부러졌는데, 이를 본 사람이 십자가의 이끼를 조금 떼어 상처에 바르자, 그 젊은이의 팔이 빠르게 회복되었다고 한다. 전설을 통해서 알 수 있다시피 이끼는 약

[그림2] 우산이끼

용식물로서 고대부터 치유의 힘을 가진 자원으로 인식되었음을 보여준다.

특히 우리 주변에서 흔히 볼 수 있는 우산이끼는 전통의학에서 오랫동안 사용되었다고 전해진다. 명청(Myeong Ching) 또는 마차니아 폴리모르파(Marchantia Polymorpha)로 불리는 우산이끼의 추출물은 간 질환, 황달 및 염증을 비롯한 다양한 질병을 치료하는 데 사용되었다고 한다.

실제로도 이끼는 전쟁 중 상처를 치료하는 자연의 붕대로 사용되었다. 북유럽의 바이킹들은 전투 중 상처를 입으면 이끼를 상처에 감아 출혈을 막고 감염을 예방했다. 제1차 세계대전 당시에도 이탄이끼(Peat Moss)를 외과 치료용 붕대로 사용했다. 이끼는 뛰어난 물 저장 능력과 항균 작용을 지니고 있어 상처를 보호하는 데 매우 효과적이었다.

이 외에도 고대 중국이나 일본에서는 이끼를 달여 마시면 염증이 가라앉고, 열을 낮추는 데 효과적이라고 여겼다. 특히 호흡기 질환이나 고열에 시달릴 때 이끼를 활용한 기록이 자주 등장한다. 고대 중국에서는 선류(Bryophyta)중의 솔이끼를 식물 기름과 혼합해 습진이나 베인 상처, 화상을 치료하는 데 사용했고, 그 추출물은 기관지염이나 심혈관 질환을 치료하는 데도 활

[그림3] 솔이끼

[그림4] 전나무이끼

용되었다.

한국에서도 이끼는 중요한 약재였다. 고려시대 의학서적에 따르면, 이끼는 피부병을 치료하는 데에 쓰였다. 습진이나 두드러기 같은 피부 질환에 이끼를 바르면 증상이 완화되었다는 기록이 있다. 이끼는 마치 천연 연고처럼, 사람들의 피부를 보호하는 역할을 했다. 우리 일상에서 쉽게 구할 수 있고, 간단하게 사용할 수 있었기 때문에 활용도가 높았다.

이끼는 방부제 역할도 했다. 음식이 쉽게 상하지 않도록 보관할 때 이끼를 덮어 두면 신선도가 오래 유지되었다. 특히 추운 지방에서는 고기나 생선을 저장할 때 이끼를 덮어 보관했다. 이끼가 수분을 흡수하고, 외부로부터 세균의 번식을 막아주었기 때문이다. 즉, 자연의 냉장고 역할을 했던 것이다.

이처럼, 이끼는 인간의 건강을 지키는 중요한 도구였다. 비록 오늘날에는 더 정교하고 현대적인 약품들이 많이 발달했지만, 이끼는 여전히 자연 속에서 얻을 수 있는 소중한 자원이다. 이를 증명하듯 현대에 이르러서도 이끼는 약용 식물로 주목받고 있다.

전나무이끼(Hypnum abietinum Hedw)에서 추출한 성분은 알츠하이머와 같은 신경질환 치료제 개발에 활용되고 있으며, 피부 염증을 억제하는 항염 효과로 화장품 원료로도 연구되고 있다. 이는 이끼가 단순한 전통 약재를 넘어, 현대 의학에서도 중요한 연구 대상임을 보여준다. 자세한 내용은 '2장 6. 이끼의 의학적 가능성'에서 확인할 수 있다.

이끼는 작은 생명체이지만, 다양한 방식으로 인류의 건강을 지키는데 기여했다. 자연이 인간에게 준 혜택은 단순한 과거의 유산이 아니라, 자연의 지혜와 치유력이 담겨있는 미래의 중요한 자산이다.

3

건축과 인테리어에서의 이끼

이끼는 오랜 세월 동안 우리의 일상 곳곳에서 활용되어 왔다. 과거 유럽에서 침대 속 재료나 건축 재료로 사용될 만큼 활용 범위가 넓었다. 특히 관리가 쉽고, 건축물의 내구성을 높이는 데 효과적이다. 이끼는 자연 속에서 스스로 적응하여 별도의 관리가 거의 필요 없으며, 산성비나 자외선이 콘크리트 등 외벽에 직접 닿는 것을 막아 콘크리트의 노화를 방지하기도 한다. 또한, 이끼는 자연과의 조화를 통해 심리적 안정감을 주는 효과가 있어 인테리어 재료로도 각광 받고 있다.

현대 건축과 인테리어 분야에서도 이끼는 독특하고 실용적인 재료로 주목받고 있다. 이끼는 습기 조절과 공기 정화 기능을 제공하며, 자연적인 장식 효과로 우리의 생활 환경을 쾌적하게 만들어 준다.

[그림5] 도심 건물의 이끼벽면 녹화

예를 들어, 벽면 녹화라는 현상을 이용한 '이끼 벽' 또는 '그린 월'로 불리는 인테리어가 있다. 벽면 녹화란 건축물이나 구조물의 벽면을 다양한 식물로 덮어 자연과 조화를 이루는 환경을 만드는 것을 의미한다. 이는 도시에서 녹지 공간을 확보하기 어려운 상황에서 건물 외벽을 활용해 쾌적한 환경을 조성하는 방법으로, 에너지 절감과 열섬 현상 완화에도 효과적이다.

이를 활용하여 디자인한 인테리어는 마치 숲속의 자연을 실내로 옮겨온 듯한 느낌을 준다. 이끼 벽은 단순한 장식 이상의 역할을 하며, 심리적 안정감을 제공하고 스트레스 감소에 도움을 준다는 연구 결과도 나왔다. 사무실에 이끼 벽을 설치하면 공간에 신선함을 더해 업무 효율성도 높일 수 있다. 더불어, 이끼는 물을 자주 줄 필요가 없으며, 관리가 쉬워 실내에서 푸른 상태를 오래 유지할 수 있다.

또한, 이끼는 실내 습도 조절에 효과적이다. 왜냐하면 공기 중의 습기를 흡수하거나 방출하여 실내 습도를 적정하게 유지하기 때문이다. 실제로 여름철에는 이끼가 습기를 흡수해 실내를 쾌적하게 만들고, 겨울철에는 이끼가 보유한 수분을 방출해 실내 공기를 촉촉하게 유지해 준다. 이끼는 자연적으로 실내 습도를 조절해 주는 실용적인 역할을 담당하는 것이다.

이처럼 이끼는 환경친화적인 재료로도 주목받고 있다. 대부분의 인테리어 재료는 제조 과정에서 많은 자원을 소모하거나 환경에 부정적인 영향을 미칠 수 있다. 그러나 이끼는 자라는 데 많은 자원이 필요하지 않고, 물이나 화학 물질 없이도 건강하게 성장한다. 이는 이끼가 매우 지속 가능한 자재임을 증명하는 것이기도 하다. 심지어 이끼는 자연적으로 재생 가능해 사용 후에도 새롭게 재활용할 수 있어 기존의 플라스틱 기반 자재에 비해 환경 부담이 훨씬 적다.

예를 들어, 일본에서는 건축물의 외벽에 이끼를 활용해 열섬 현상을 완화하고 대기질을 개선하는 프로젝트를 진행 중이다. 이러한 사례는 이끼가 친환경적인 도시 설계와 지속 가능한 건축에 기여할 수 있는 잠재력을 잘 보여준다.

관리가 용이하고 심리적 안정감을 제공하는 이끼는 현대 인테리어와 건축에서 큰 인기를 끌고 있다. 앞으로는 건축 설계와 인테리어 디자인뿐만 아니라 도시 환경 개선을 위한 주요 자재로 더욱 널리 활용될 것이다. 이는 우리의 생활과 도시를 보다 친환경적이고 지속 가능한 방향으로 변화시키는 데 중요한 역할을 할 것이다.

4

도시 속 이끼 정원
: 새로운 녹색 공간

　도시에서 자연을 느끼기란 쉽지 않다. 빽빽한 빌딩과 콘크리트 길 사이에서 많은 사람들이 푸른 숲을 그리워하지만, 도시의 공간 제약으로 인해 자연을 가까이하기는 어렵다. 이러한 문제를 해결할 방법의 하나가 바로 '이끼 정원'이다. 이끼 정원은 도심 속에서 새로운 녹색 공간을 제공하며, 자연의 평온함을 선사한다.

　숲속을 걷다가 부드러운 통나무나 에메랄드빛 이끼를 본 적이 있는가? 봤다면 분명 그 아름다움에 매료되었을 것이다. 이끼는 색채가 풍부하고 생명력이 강하지만, 이끼를 잘 관리하려면 그 특성을 이해해야 한다. 이끼는 햇빛을 많이 필요로 하지 않지만, 꾸준한 수분 공급과 잡초 제거 등 세심한 관리도 필요하다. 그럼에도 불구하고, 이끼 정원은 잔디보다 관리가 훨씬 쉽다는 장점이 있다. 잔디는 일주일에 한두 번 깎아줘야 하지만, 이끼는 그저 낙

엽을 제거하고 잡초만 관리하면 되기 때문이다.

이끼 정원의 특성을 살펴보면, 물과 햇빛을 많이 필요로 하지 않아 실내외 다양한 장소에서 쉽게 자랄 수 있다. 또한, 이끼는 미세먼지와 유해 물질을 흡수하고, 실내 공기를 정화하며 습도도 적절하게 조절한다. 이끼 정원이 조성된 공간은 마치 도심 속 작은 숲과 같아 자연의 평온함과 심리적 안정감을 제공한다.

실제로 이끼 정원을 조성할 때 보편적으로 쓰이는 이끼의 이름과 특성은 다음과 같다.

바위 모자이끼(Dicranum): 그늘에서 잘 자라며, 바위 위나 그늘진 공간의 지상 덮개로 이상적이다.

헤어 모자이끼 (Polytrichum commune): 부분적인 햇볕보다 중간 그늘과 모래의 산성 토양을 선호하며, 토양이 충분히 촉촉할 경우 거의 완전한 햇볕도 견딜 수 있다. 또한, 가벼운 발걸음에도 견딜 수 있어 내구성이 좋다.

쿠션이끼(Leucobryum glaucum): 그늘을 선호하지만 부분적인 햇볕도 견딜 수 있다. 주로 빽빽한 토양보다 모래에서 잘 자라며, 덩어리 형태로 자라면서 연한 녹색에 은백색 색조를 띠어 매우 독특한 시각적 효과를 준다.

시트이끼(Hypnum)는 자주 이식되어 사용되며, 발걸음에도 잘 견디는 특성을 가져 실내외 다양한 공간에 적합하다.

[그림6] 이끼정원, 도심 속 자연과 함께하는 이끼

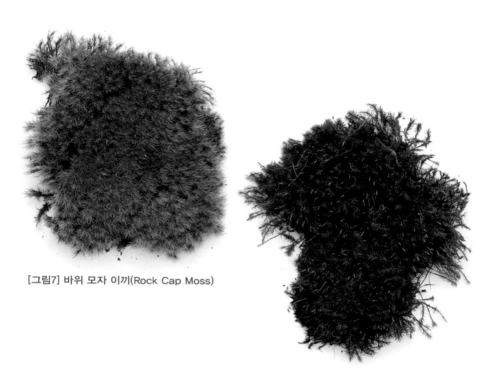

[그림7] 바위 모자 이끼(Rock Cap Moss)

[그림8] 헤어 모자 이끼(Hare Cap Moss)

[그림9] 쿠션이끼(Cushion Moss)

[그림10] 시트이끼(Sheet Moss)

이들로 꾸며진 이끼 정원은 단순한 장식을 넘어 공기 정화, 습도 조절 등의 실질적인 효과를 제공한다. 이끼는 이산화탄소와 미세먼지를 흡수하고, 여름철 건물의 온도를 낮춰 에너지를 절감하는 데 기여한다. 또한, 이끼는 자체 무게의 10~15배에 달하는 물을 흡수할 수 있어 홍수 예방에도 도움을 준다.

이끼 정원의 시각적 아름다움과 심리적 안정감 또한 주목할 만하다. 부드러운 초록빛 이끼는 자연의 섬세한 질감을 담고 있으며, 이를 통해 도시 생활에서 받는 스트레스를 줄여주는 역할을 한다. 여러 연구에 따르면, 자연과 가까이 있는 것만으로도 정신적 안정에 도움이 된다고 하며, 이끼 정원은 이러한 효과를 극대화한다고 한다.

이끼 정원의 대표적인 사례로는 일본의 서방사(西芳寺, 사오호지)가 있다. 이끼가 아름답게 조성된 고요한 정원으로 유명한 이곳은 나무 아래를 덮은 이끼와 숲으로 둘러싸인 경치가 어우러져 고즈넉한 분위기를 자아낸다. 특히 이끼가 정원의 중요한 요소로 자리 잡아 숲속 산책길과 작은 연못, 물길과 어우러져 자연과의 조화를 느낄 수 있다. 서방사의 이끼 정원은 이끼가 단순한 장식을 넘어 자연의 미학을 실현하는 공간으로서 어떻게 활용될 수 있는지를 잘 보여준다.

[그림11] 서방사, 연못과 이끼

최근 들어 도시 속 이끼 정원의 사례가 늘고 있다. 도시 내 공공 공원, 상업 공간, 빌딩 옥상 등에서 이끼 정원이 조성되는 사례가 증가하는 추세다. 넓은 공간이 필요하지 않아 소규모 도심 공간에서도 쉽게 적용할 수 있으며, 도심 속에서도 작은 녹색 자연 공간을 만들어낸다.

　결국, 이끼 정원은 도심 속 자연 회복의 핵심 매개체로 자리 잡고 있다. 공간 제약이 많은 도시에서 지속 가능한 녹색 공간을 창출하며, 환경 개선과 심리적 안정을 동시에 제공하는 이끼 정원은 도시민들에게 새로운 자연의 혜택을 선사하는 소중한 공간이다.

5

생활용품으로 탄생한 이끼

　이끼는 단순히 자연에서만 볼 수 있는 작은 식물로 생각될 수 있지만, 일상에서 쓰이는 생활용품에도 다양한 활용이 가능하다. 이끼의 놀라운 특성과 친환경적인 성질 덕분에, 우리의 생활 속에 깊이 파고들어 우리가 사용하는 여러 물건으로 재탄생하고 있다.

　구전문학처럼 내려오는 이야기 속에서도 찾아볼 수 있다. 옛날에는 깊은 산속에서 수행하던 스님들의 옷을 '이끼 옷'이라고 불렀다고 한다. 스님이 폭포수 아래에서 단식하며 오랜 시간 수행을 하다 보면, 옷에 이끼가 낀다고 해서 전해 내려오는 이야기다. 또한, 독일에서는 '이끼 아내(Moss Wife)'라는 표현이 있다. 이끼 아내란 요정 가족의 이름으로, 그들의 집은 큰 나무에 뚫린 구멍 안에 있으며, 바닥은 이끼로 덮여 있다. 요정들은 이끼 속에 숨거나 이끼로 옷을 엮어 자수를 놓아 선물하곤 했다고 전해진다. 이런 전설에서 알 수 있듯이 이끼는 우리의 생활 속에서 익숙하면서도 친숙한 존재였다.

이끼를 활용한 사례 또한 다양하다.

아기 기저귀: 인디언과 에스키모인들은 이끼를 아기 기저귀로 사용했다고 한다. 특히 추운 기후의 추크치족은 부드러운 이끼로 아기 배내옷을 만들었는데, 이는 자연에서 얻을 수 있는 가장 실용적이고 친환경적인 자원 중 하나였다.

이끼 액자: 이끼로 만든 액자는 인테리어에 자연의 고요함과 생기를 더하는 독특한 예술 작품이다. 살아있는 이끼를 액자에 담아 실내 공간에 걸면, 자연의 질감과 평온함을 그대로 느낄 수 있다. 이끼는 유지 관리가 쉬워서 가끔 물을 뿌려주는 것만으로도 충분히 생기를 유지하며, 공기 정화와 습도 조절의 기능을 제공해 건강한 실내 환경을 조성한다.

이끼 욕실 매트: 살아있는 이끼를 활용한 욕실 매트는 습기를 조절하며, 부드럽고 푹신한 촉감으로 발바닥에 숲속을 걷는 듯한 느낌을 준다. 이 매트는 특히 습도가 높은 날씨에 실내 환경을 쾌적하게 만들어주는 것이 특징이다.

[그림12] 이끼액자

[그림13] 이끼 욕실 매트(출처: 뉴스라이트)

이끼 공기청정기: 한국의 한 업체에서는 이끼를 활용한 공기청정기를 출시했다. 이끼는 공기 중의 VOCs(휘발성유기화합물)와 이산화탄소 농도를 낮추고, 가습 효과까지 제공해 실내 공기를 종합적으로 개선하는 효과가 있다. 또한 이끼의 자연스러운 향과 공기 중 습도 조절 능력 덕분에, 공간을 더 쾌적하고 건강하게 만들어 준다.

이렇듯 이끼는 자연에서 흔히 보는 식물을 넘어 우리의 일상에서 다양한 방식으로 활용될 수 있는 자원이다. 이끼가 가진 친환경적 성질과 자연적인 아름다움 덕분에, 실내외 인테리어뿐만 아니라 공기 정화, 습도 조절 등의 실용적인 기능까지 수행한다. 이처럼 이끼는 우리 생활 속에서 다양한 형태로 재탄생하고 있으며, 자연과 사람을 연결해 주는 중요한 매개체로 자리 잡고 있다.

6

이끼를 바라보는 예술가들의 시선

숲속 바위나 나무껍질 위에 조용히 자리 잡고 있는 이끼를 그저 흔한 식물이라고 생각할 수 있다. 그러나 예술가들의 눈에 이끼는 그보다 훨씬 더 깊은 의미를 지닌다. 그들은 이끼를 통해 자연의 미묘한 아름다움, 시간의 흐름, 그리고 생명의 순환을 포착한다. 이끼는 단순한 배경이 아니라, 예술 작품에 영감을 주는 중요한 소재로 자리 잡고 있으며 그 자체로 예술가들에게 많은 영감을 주는 소재로 쓰이기도 한다.

먼저, 이끼는 시간의 축적을 상징한다. 이끼는 매우 천천히 자란다. 바위 위에 얇게 덮인 이끼는 수년, 혹은 수십 년에 걸쳐 조금씩 자리를 넓혀간다. 예술가들은 이처럼 이끼가 만들어내는 느린 변화에 주목한다. 현대 사회가 빠르게 변하는 가운데, 그 속에서 보여주는 느린 성장과 인내는 예술적 메시지로 다가온다. 이끼

[그림14] 에른스트 헤켈의 Kunstformen der Natur, 1904

가 차곡차곡 쌓이는 모습은 마치 우리의 삶이 조금씩 쌓여 이야기를 만들어가는 과정과 닮아 있다. 그래서 이끼는 많은 예술 작품에서 시간의 흔적과 삶의 이야기를 상징하는 중요한 소재로 쓰인다.

또한, 이끼는 자연의 부드러움을 표현하는 독특한 방법이다. 이끼의 표면은 매우 부드럽고 푹신하다. 마치 손으로 만지면 따뜻함이 전해질 것 같은 느낌을 준다. 많은 예술가들이 이 부드러운 질감을 작품에 반영하고자 한다. 예를 들어, 이끼를 직접 이용해 작품을 만들거나, 이끼의 표면을 묘사하는 그림을 통해 자연의 따뜻함과 안정감을 표현한다. 이러한 작품은 관람객들에게 자연과의 교감을 느끼게 하며, 그 속에서 평화로움을 발견하게 만든다.

일본의 이끼 정원은 자연과 예술이 결합된 대표적인 사례다. 이끼 정원은 인위적으로 꾸민 정원이 아닌 자연이 스스로 만들어낸 고요함과 자연스러운 아름다움을 간직한 공간이다. 이끼가 자라나는 모습 자체가 하나의 예술로 여겨지며, 정원을 가꾸는 예술가들은 이를 통해 자연의 흐름과 생명을 존중하는 태도를 드러낸다. 이끼 정원에서 시간을 보내다 보면 마치 시간이 멈춘 듯한 고요함과 평화가 느껴지는 것이 특징이다.

또한, 이끼는 생명력의 상징이다. 아무리 거친 환경에서도 이끼는 자신의 자리를 찾아 조용히 자란다. 바위틈, 나무껍질, 심지어 도시의 콘크리트 사이에서도 이끼는 뿌리를 내린다. 예술가들은 이 같은 이끼의 생명력에서 큰 영감을 얻는다. 세상이 아무리 거칠고 어려워도 조용히, 그리고 꾸준히 자라나는 이끼의 모습은 작품 속에서 끈기와 희망을 나타낸다. 이끼는 크고 화려하지 않지만, 그 안에는 작은 생명의 강인함이 담겨 있다.

[그림15] 이끼작품, 생각하는 사람

현대 미술에서도 이끼는 생태 예술의 중요한 요소로 쓰인다. 지구의 환경 문제를 다루는 예술가들은 이끼의 생태적 가치를 강조하며 작품을 만든다. 이끼가 공기를 정화하고, 기후 변화에 대응한다는 점에서, 예술가들은 이끼를 통해 지속 가능한 미래를 이야기한다. 이끼로 만든 작품은 자연과 인간의 조화를 상징하며, 관람객들에게 환경을 보호해야 한다는 메시지를 전달한다.

　　이처럼 이끼는 예술가들에게 단순한 식물이 아니라, 깊은 의미와 영감을 주는 존재다. 이끼의 느린 성장, 부드럽고 따뜻한 질감, 그리고 강인한 생명력은 예술가들의 작품 속에서 다양한 방식으로 표현된다. 우리는 이끼를 통해 예술이 어떻게 자연과 연결되고, 그 속에서 새로운 이야기가 만들어지는지 알 수 있다.

PART
2

과학에 미치는
이끼적 사고

세상을 바꾼 태초의 힘

———

이끼적 사고

작은 생명체 이끼의
생물학적 구조

이끼는 크게 세 가지로 분류된다.

선류(Mosses), 태류(Liverworts), 그리고 각류(Hornworts)다.

먼저, 선류(Mosses)의 특징으로는 잎에 맥이 있으며, 건조함에 강하고 뻣뻣한 질감을 가진 것이 많다. 대표적으로 솔이끼, 향나무 솔이끼, 초롱이끼 등이 있다.

두 번째 태류(Liverworts)는 비교적 습한 곳에서 자라며, 납작 하고 부드러운 형태가 많다. 잎에는 맥이 없고, 포자낭의 수명이 짧 다. 대표 종에는 우산이끼, 리본이끼 등이 있다.

마지막으로 각류(Hornworts)는 엽상체로 땅 위에 퍼지며, 포자 낭의 모양이 뿔처럼 생겼다. 대표적으로 뿔이끼, 짧은뿔이끼 등이 있다.

[그림16] 솔이끼(선류)

[그림17] 우산이끼(태류)

[그림18] 뿔이끼(각류)

이 세 그룹은 형태적 특징과 생육 환경에 따라 구분되며, 전 세계적으로 다양한 환경에서 발견된다. 그러나 그 구조는 우리가 일반적으로 알고 있는 식물들과 매우 다르다.

이끼는 물속에서 생활하는 조류와 땅 위의 관다발식물 사이에 위치하며, 육상 생활에 적응한 최초의 식물군 중 하나다. 그럼에도 불구하고 씨를 맺지 않는 비관다발식물에 속하는데, 이는 물과 영양분을 운반하는 관다발 조직이 없다는 것을 의미한다. 그래서 우리가 흔히 보는 나무나 꽃처럼 뚜렷한 뿌리, 줄기, 잎 구조로 되어 있지 않다. 그러나 이 단순한 구조가 오히려 이끼를 다양한 환경에서 살아남게 만드는 비결이다. 심지어 최근 유럽항공우주국의 실험에 따르면 이끼는 우주 공간에서도 생존할 만큼 강인한 생명력을 지니고 있다고 한다.

우선, 이끼에는 뿌리가 없다. 대신 헛뿌리가 있어 이끼를 자라는 곳에 단단히 고정해 준다. 하지만 이 헛뿌리는 흙에서 영양분을 흡수하는 역할을 하지 않는다. 그렇기 때문에 이끼는 흙이 없어도 바위나 나무껍질 위에서도 잘 자랄 수 있다. 이끼가 바위 틈새나 나무껍질에 단단히 붙어 있는 것도 바로 이 헛뿌리 덕분이다.

또한, 이끼는 줄기와 잎의 구분이 뚜렷하지 않다. 이끼의 줄기와 작은 잎들은 하나로 어우러져 덩어리를 이루며, 물을 저장하고 햇

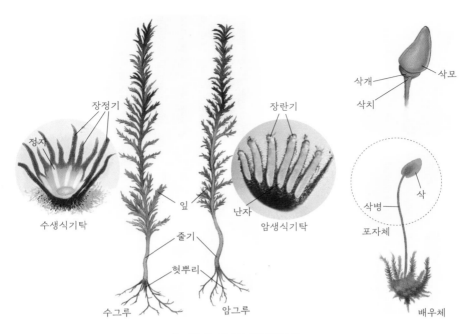

장정기
정자
수생식기탁
장란기
잎
난자
암생식기탁
줄기
헛뿌리
수그루
암그루

삭개
삭모
삭치
삭
삭병
포자체
배우체

[그림19] 이끼의 해부학적 구조

빛을 받아 광합성을 한다. 이 잎들은 얇고 부드러워 물을 쉽게 흡
수하고, 흡수된 물과 영양분을 이끼 전체에 전달한다.

　일반적인 육상식물처럼 뿌리나 줄기를 통해 물과 영양분을 이
동시키는 것이 아니라, 이끼는 몸 전체를 이용해 물과 영양분을 흡
수한다. 이 때문에 이끼는 공기 중의 습기나 주변 물을 효과적으로
흡수하며, 흙이 없어도 수월하게 자랄 수 있는 것이다.

　이끼는 건조한 환경에 놓이면 휴면 상태에 들어가 생명을 유지
한다. 이 상태에서는 거의 모든 활동을 멈추고 있다가, 다시 물이
공급되면 활기를 되찾아 빠르게 성장한다. 이러한 생리적 특성 덕

분에 이끼는 극한의 환경에서도 생존한다. 예를 들어, 바위나 나무 껍질 위, 심지어 콘크리트 표면에서도 쉽게 적응하여 자랄 수 있는 것이다.

결국, 이끼는 단순하지만, 효율적인 구조 덕분에 다양한 환경에서 놀라운 생명력을 발휘한다. 땅속 깊이 뿌리를 내리지 않아도 작고 유연한 구조로 인해 생존에 적합한 장소를 빠르게 찾고 적응할 수 있는 것이다. 이는 마치 작은 자동차가 좁은 골목길을 쉽게 다니듯, 복잡한 식물보다 효율적으로 다양한 환경에 적응한다.

이러한 구조적 특징 덕분에 이끼는 극한의 환경에서도 자신만의 생존 방식을 찾아내며 자연 속에서 중요한 역할을 담당한다. 이끼는 작지만 생존력은 우리의 예상보다 훨씬 크며, 자연의 정교함을 보여준다.

이끼의 생식과 번식 과정

이끼에는 씨앗이 없다. 대신 포자라는 아주 작은 입자를 통해 번식한다. 포자는 이끼의 생식 기관에서 만들어지며, 성숙하면 공기 중으로 방출되는 형식이다. 마치 민들레 씨앗이 바람을 타고 날아가 새로운 땅에 뿌리를 내리는 것처럼, 이끼의 포자도 자연의 힘을 빌려 다양한 환경에 자리를 잡고 자라기 시작한다. 이끼의 포자는 매우 가벼워 먼 거리까지 이동할 수 있으며, 적절한 습기와 온도를 만났을 때 발아해 새로운 이끼가 된다.

이 과정에서 물이 아주 중요하다. 이끼는 유성생식을 하는데, 이때 정자와 난자가 만나 수정이 이루어져야 한다. 이끼의 생식 기관은 장정기(수컷 생식기관)와 장란기(암컷 생식기관)로 나뉘어 있다. 장정기에서 만들어진 정자는 물을 통해서만 이동할 수 있다. 정자는 편모라는 작은 꼬리를 가지고 있어, 물속을 헤엄쳐 장란기에 있

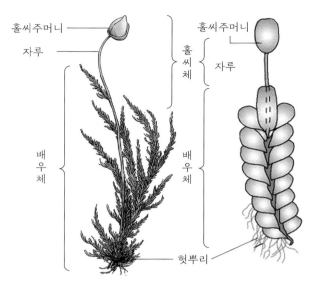

홀씨주머니

자루

홀씨체

배우체

헛뿌리

홀씨주머니

자루

배우체

[그림20] 이끼의 수그루, 암그루 구조

는 난세포로 이동한다. 물이 없다면 정자가 이동할 수 없기 때문에, 이끼는 항상 비가 자주 내리는 곳이나 습한 환경을 좋아한다. 숲속, 강가, 그리고 물이 고여 있는 그늘진 곳에서 이끼가 무성하게 자라는 이유가 바로 여기에 있다. 이처럼 물이 있어야만 번식이 가능하다는 점에서 이끼는 조류와 비슷하다. 조류 역시 물이 있어야 번식할 수 있는 구조로 되어 있기 때문이다.

이끼의 생식 방식은 두 세대가 번갈아 나타나는 세대 교번 구조를 가진다. 우리가 흔히 보는 이끼는 배우체(유성세대)로, 이 단계에서 장정기와 장란기가 발달해 번식이 이루어진다. 정자가 물을 타고 이동해 난세포와 수정하게 되면, 수정란은 분열을 거쳐 포자체(무성세대)로 자란다. 이 포자체는 배우체에 붙어 있으며, 영양을 의존하면서 성장한다. 포자체가 성숙하면 포자낭이라는 구조를 통해 포자를 생성하게 된다. 포자낭이 터지면 포자가 방출되어 바람을 타고 흩어지며, 새로운 환경에서 자리를 잡고 성장하게 되는 것이다.

이끼는 무성 생식도 할 수 있다. 무성 생식의 대표적인 예는 영양체 번식이다. 이는 이끼의 몸체 일부가 떨어져 나가도 그 부분이 자라 새로운 개체가 되는 방식을 말한다. 예를 들어, 이끼의 작은 조각이 바위에 떨어져도 그곳에서 다시 자라난다. 마치 손톱을 잘라도 다시 자라는 것처럼, 이끼는 떨어져 나간 부분에서도 생명을 이어 나가는 것이다. 이런 번식 방식 덕분에 이끼는 손쉽게 자신을 복제해 넓은 지역에 퍼져나간다.

이끼의 번식 과정에서 물이 필수적이기 때문에, 건조한 환경에서는 번식 활동을 멈추고 휴면 상태에 들어간다. 그러나 다시 물이 공급되면 이끼는 활발하게 번식 활동을 재개한다. 이 간단하면서도 효과적인 번식 방법 덕분에 이끼는 극지방부터 열대 우림까지, 지구상의 거의 모든 환경에 적응해 살아간다. 이끼는 작은 생명체이지만, 그 생식과 번식 과정은 자연의 생명력과 적응력을 보여주는 매우 놀라운 사례다.

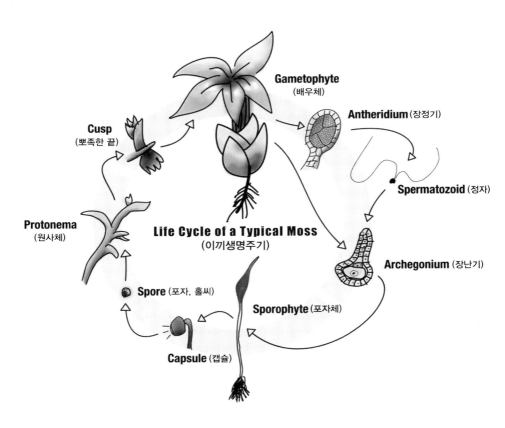

Gametophyte (배우체)

Cusp (뾰족한 끝)

Antheridium (장정기)

Spermatozoid (정자)

Protonema (원사체)

Life Cycle of a Typical Moss (이끼생명주기)

Archegonium (장난기)

Spore (포자, 홀씨)

Sporophyte (포자체)

Capsule (캡슐)

[그림21] 이끼의 생명주기(출처: STEM lounge)

3

생물학적 모델 시스템

　이끼는 식물 생물학 연구에 중요한 역할을 하고 있다. 특히 '피스코미트륨 파텐스(Physcomitrium patens)'라는 작은 통이끼는 과학자들이 식물을 연구할 때 자주 사용하는 모델 생물이다. 이는 이끼가 여러 면에서 실험하기 쉽고 유익한 특징을 지니기 때문이다.

　먼저, 이끼는 유전체 조작이 매우 쉽다. 유전자를 바꾸거나 제거하는 실험에서 이끼는 뛰어난 효율을 보여준다. 이는 다른 고등 식물에 비해 정확하게 유전자를 타겟팅할 수 있는 능력이 높기 때문이다. 이끼는 동질 재조합이라는 방식으로 원하는 유전자를 쉽게 편집할 수 있어서 특정 유전자의 기능을 연구하는 데 아주 유용하다. 예를 들면, 이끼에 있는 특정 유전자를 없애거나 다른 유전자를 추가해 보며 과학자들이 어떤 변화가 생기는지 연구할 수 있는 것이다.

[그림22] 피스코미트륨 파텐스

또한, 이끼는 단순한 조직 구조로 되어 있어 개별 세포와 조직을 관찰하기가 쉽다. 복잡한 나무나 꽃과 달리, 이끼는 세포 수준의 연구를 훨씬 간단하게 할 수 있게 해준다. 생활 주기도 짧아 여러 세대를 빠르게 연구할 수 있어 실험 기간이 단축되고 연구 효율도 높아진다.

흥미롭게도, 이끼는 진화와 생리 현상을 연구하는 데도 아주 좋은 모델이다. 최근에 과학자들은 10년 동안 냉동 보관한 피스코미트륨 파텐스를 해동해 다시 번식시킬 수 있는 능력을 발견했다. 심지어 이끼는 의학적인 화합물을 생산하기 위해 재배할 수도 있어, 미래의 의약품 연구에도 기여할 가능성이 있다.

이러한 연구는 유전자 조작 기술을 통해 더 발전할 수 있다. 과학자들은 녹아웃 유전자 기법이라는 기술을 사용해 이끼의 유전자 하나하나의 역할을 파악하고 있다. 이끼는 일반적으로 단일 염색체 상태로 생활하기 때문에 다른 식물보다 유전자 조작이 훨씬 쉽다. 예를 들어, 한 세트의 염색체만 가진 이끼의 세포에 새로운 유전자를 쉽게 주입해 다양한 실험을 할 수 있다.

이끼의 응용 사례 중 또 다른 하나는 빛을 내는 이끼다. 실제로, 자연에서 '빛이끼'라는 종류가 있다. Physcomitrella knockout mutants(피스코미트렐라 녹아웃 돌연변이)라는 유전자 기능 연구에 널리 사용되는 모델 이끼 종인데, 이 이끼는 어두운 동굴이나 바위

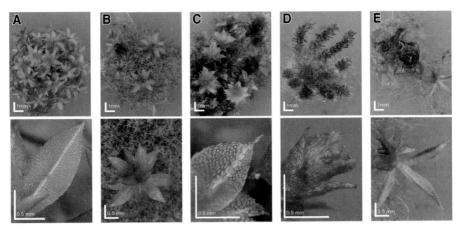

[그림23] Physcomitrella knockout mutants(출처:위키백과)

틈에서 자란다. 그 이유는 주변에 들어온 빛을 반사하기 때문이다. 이 빛이 이끼에서 직접 나오는 것은 아니지만, 빛이 반사되어 마치 빛나는 것처럼 보인다. 이러한 특성을 연구하면서 과학자들은 스스로 빛을 내는 식물을 만들기 위해 다양한 유전자 기술을 개발하고 있다.

지금까지는 야광버섯의 유전자를 이용한 연구가 특히 주목받고 있다. 과거에는 반딧불이 유전자를 사용해 식물을 발광시키는 실험이 진행되었으나, 빛이 너무 약하거나 짧은 시간만 빛을 내는 한계가 있었다. 그런데 최근에는 발광버섯의 유전자를 활용해 식물이 더 밝고 오랜 시간 동안 빛을 낼 수 있게 하는 기술이 발전하고 있다. 근래에도 과학자들은 발광버섯의 루시페린과 루시페라아제라는 물질을 식물에 적용하는 데 성공해, 담배 식물에서 녹색

[그림24] 빛이끼(Schistostege pennata)

빛이 나는 실험을 했다.

　이런 연구들은 아직 초기 단계에 있지만, 앞으로 식물이 빛을 내는 기술이 더 발전한다면 어두운 곳에서도 자연적인 빛을 제공하는 발광 식물이 만들어질 수도 있다. 이 기술이 발전하면 전기 없이 빛을 내는 식물을 도시나 공원에 활용하여, 이에 따라 환경을 보호하고 에너지를 절약하는 데 큰 도움이 될 수 있을 것이다.

[그림25] 야광버섯

4

바이오 크러스트와 이끼

바이오크러스트(Biological Soil Crust)는 건조한 지역이나 척박한 토양 위에 형성되는 생물학적 피막이다. 이 피막은 미세한 생물들로 구성되며, 시아노박테리아(남조류), 이끼, 지의류 등이 서로 단단히 결합하여 형성된다. 이 중에서도 이끼는 바이오크러스트의 중요한 구성 요소로, 다양한 과학적 관점에서 중요한 연구 주제가 되고 있다.

먼저, 바이오크러스트는 토양을 안정화하는 데 큰 역할을 한다. 이끼와 같은 생물들이 토양 입자를 단단히 결합시켜서 비바람에 의한 침식을 방지한다. 침식이란 토양이 물이나 바람에 의해 깎이거나 씻겨 나가는 현상인데, 바이오크러스트가 이를 막아주는 것이다. 덕분에 지표면이 더 안정되고 다른 식물들이 뿌리를 내리기 좋은 환경이 된다.

[그림26] 바이오 크러스트

또한, 바이오크러스트는 수분을 보유하는 능력이 뛰어나다. 특히 건조한 지역에서는 토양 속에 있는 물이 빠르게 증발할 수 있지만, 바이오크러스트가 수분을 붙잡아 두어 다른 생물들이 살아갈 수 있도록 돕는다. 이러한 수분 보유 능력 덕분에 바이오크러스트는 척박한 환경에서도 생태계가 유지될 수 있도록 하는 중요한 역할을 한다.

이같은 이점들로 바이오크러스트는 기후 변화를 완화하는 데도 기여한다. 게다가 광합성을 통해 대기 중의 이산화탄소를 흡수하고 토양에 저장한다. 이 과정은 탄소 순환을 돕고, 지구의 온난화를 줄이는 데 작은 도움을 준다. 또한, 바이오크러스트는 미생물과 작은 생물들의 서식지를 제공해 생물 다양성을 높이는 역할도 한다. 건강한 생태계는 다양한 생물이 함께 살아가는 환경에서 시작되기 때문에, 바이오크러스트는 생태계의 회복력을 높이는 데 중요한 역할을 하는 것이다.

이와 관련한 흥미로운 연구 사례로는 중국의 만리장성이 있다. 만리장성은 약 8,850km에 달하는 거대한 성벽인데, 수천 년 동안 비바람을 견뎌왔다. 과학자들은 그 비결 중 하나가 성벽을 덮고 있는 바이오크러스트라고 분석했다. 즉, 만리장성의 흙벽이 이끼와 시아노박테리아 같은 생물들이 만든 바이오크러스트로 덮여 있었기 때문에 침식이 덜 발생하고, 흙벽이 단단하게 유지될 수 있었던 것이다.

이 바이오크러스트는 비나 바람으로부터 흙을 보호할 뿐만 아니라, 흙 속의 수분 손실도 줄이는 역할도 했다. 연구에 따르면, 만리장성의 바이오크러스트가 흙 속 수분이 증발하는 것을 평균 5.2% 줄였고, 흙벽이 외부 압력에 견디는 강도를 124%나 높여준 것으로 나타났다. 이뿐만 아니라, 바이오크러스트는 염류화 현상도 줄여주었다. 염류화는 물이 증발한 후 토양 표면에 염분이 쌓이는 현상으로, 토양의 물리적 특성을 해치고 생물들의 생존을 어렵게 만든다. 그러나 바이오크러스트는 흙 속의 수분 증발을 막아 염분이 쌓이는 것을 방지해 주었다. 이러한 과학적 발견은 바이오 크러스트가 문화유산 보존에 기여할 수 있는 가능성을 보여준다.

바이오크러스트와 이끼에 대한 연구는 환경 과학, 생태학, 그리고 바이오테크놀로지 분야에서 중요한 응용 가능성을 가지고 있다. 이 기술을 응용해 건조한 지역에서 토양 침식을 줄이고, 농업에 도움이 되는 수분 보유 능력을 높이는 방법을 연구하고 있다. 과학자들은 이러한 연구가 지구 환경을 보존하고 지속 가능한 발전을 이루는 데 큰 도움이 될 것이라고 기대한다.

5

이끼, 기능성 식물 대사체 기술

이끼는 척박한 환경에서도 잘 자란다. 과학자들은 다양한 환경 속에서 이끼가 어떻게 살아남는지 연구해 왔다. 이러한 연구를 통해 이끼가 다양한 기능성 물질을 생산한다는 사실이 밝혀졌다.

이끼가 극한 환경에 잘 적응할 수 있는 이유는 바로 '비생물적 스트레스 반응' 때문이다. 즉, 가뭄이나 강한 자외선 같은 외부 자극을 받으면 이끼는 자신을 보호하기 위해 다양한 물질을 만들어 낸다. 이런 과정에서 '활성 산소종(ROS)'이라는 물질이 생성되는데, 이는 세포에 위험 신호를 보내어 방어 반응을 유도한다.

이 방어 반응은 여러 식물 호르몬들에 의해 조절된다. 대표적으로 아브시스산(abscisic acid: 식물호르몬의 하나로 눈휴면 등 많은 식물 생리반응 조절에 관여), 지베렐린(gibberellin: 줄기 신장, 발아, 휴면, 꽃의 개화 및 성장, 잎과 과일의 노화 등 식물 생장을 조절하는 식물호르몬), 옥신(auxin: 식물의 생장 조절 물질의 하나로 성장·발근을 촉진하고, 낙과를 방지하며, 착과를 조절), 자스몬산(Jasmonic acid: 리놀렌산(linolenic acid)에서 합성되는 식물호르몬의 하나로 곤충, 균류 병원체에 대한 식물 방어를 활성화시키는 등의 식물생장을 광범위하게 조절), 살리실산(salicylic acid 또는 2-hydroxybenzoic acid: 페놀류 화합물로 식물호르몬 중 하나이며, 아스피린 등 의약품의 원료로도 쓰임) 등이 있다. 이 호르몬들은 서로 네트워크를 이루어 식물의 보호 메커니즘을 활성화한다. 이렇게 복잡한 신호 네트워크가 식물을 더 강하게 만들어주는 것이다.

고산지대에 서식하는 식물들은 더 험난한 조건에 적응해야 한다. 고도가 높아질수록 산소 농도가 낮아지고, 자외선이 강해지며, 극한 기온 차이가 발생하기 때문이다. 이러한 환경에서 식물들은 특별한 대사산물을 만들어 낸다. 예를 들어, 고지대 식물들은 뿌리보다 줄기나 근경을 더 많이 생산해 생존을 유지한다. 또, 살리드로사이드(Salidroside: 바위돌꽃(rhodiola rosea)이라는 식물에 들어있는 암세포 전이에 도움이 되는 환경을 만들어주는 호중구 증가를 차단할 수 있는 물질), 로사빈(Rosavin: 로디올라 로세아(Rhodiola rosea)라는 식물에서 추출된 주요 활성 성분으로 글루코사이드로 가수분해를통해 물질과 단당으로 이루어진 화합물) 같은 생리 활성 성분의 함량도 증가한다. 이런 물질들은 식물의 생존을 돕는 동시에 사람에게도 유익한 성분으로 작용할 수 있다.

자외선은 식물에 특히 위험하다. 그래서 식물들은 자외선으로부터 자신을 보호하기 위해 플라보노이드 같은 물질을 만들어 낸다. 플라보노이드는 자외선으로 인해 손상될 수 있는 식물 세포를 보호하고, 광합성 장치를 지키는 역할을 한다. 또한, 항산화제 같은 물질도 만들어 세포가 손상되지 않도록 돕는다.

과학자들은 이러한 특징을 바탕으로 이끼와 고지대 식물이 생성하는 대사체를 연구하고 있다. 생성되는 식물이 외부 환경에 반응해 만들어 내는 다양한 물질을 뜻한다. 이런 대사체를 연구하면 의약품, 기능성 식품, 화장품 등에 활용할 수 있는 유용한 성분을 찾을 수 있다.

이 대사체 연구를 통해 우리는 식물이 어떻게 극한 환경에 적응하는지를 알 수 있고, 그 과정에서 생성되는 물질들이 우리에게 어떤 도움을 줄 수 있는지 이해할 수 있다. 예를 들어, 이끼가 생산하는 항산화 물질은 피부를 보호하는 화장품의 원료가 될 수 있고, 기능성 식물에서 추출된 물질은 건강 보조 식품으로 활용될 수 있다.

지금까지 과학자들은 여러 식물에서 수십 종의 활성 대사체를 발견했다. 이 연구는 의약품이나 건강식품, 화장품 등 다양한 산업 분야에 크게 기여할 것으로 기대된다. 앞으로도 대사체 연구가 계속 진행되면 더 많은 유용한 성분을 발견할 수 있을 것이다.

이끼와 기능성 식물의 대사체 연구는 자연의 비밀을 풀고, 그 비밀을 인간의 건강과 환경 보호에 적용하는 중요한 과학적 도전이다. 이런 연구가 계속되면서 우리는 자연에서 얻은 지혜를 더 효과적으로 활용할 수 있게 될 것이다.

이끼의 의학적 가능성

　이끼의 세포 속에는 다양한 화합물들이 포함되어 있다. 그 안에는 의학적으로 매우 흥미로운 잠재력이 숨어 있다. 이끼가 만들어 내는 다양한 화합물들은 스스로를 세균이나 곰팡이 같은 미생물의 공격으로부터 지키기 위해 생긴 천연 방어물질이다. 현대에 들어서 이 물질들이 인류 건강에 유용할 수 있음이 점차 밝혀지고 있다.

　지금까지 연구된 바로는 이끼 속에는 올리고당, 아미노산, 지방족 화합물, 방향족 화합물, 페놀성 화합물 등이 포함되어 있다. 그 중 지방족 화합물은 탄소와 수소로 이루어진 사슬 형태의 구조를 가진 물질인데, 균이나 열에 의해 쉽게 분해되기도 하지만 특정 조건에서는 독성이 강한 화합물이 되기도 한다. 이런 다양한 성분들이 이끼의 생존을 돕는 동시에, 의학적으로 중요한 연구 대상이 되고 있다.

1장 '2.이끼를 활용한 전통 의약과 치료'에서 언급했던 것처럼, 특정 이끼들은 염증 치료나 감기 예방에도 사용되기도 했다. 전통적으로 중국에서 감기나 신장 질환 치료에 쓰인 솔이끼와 간 건강을 돕는 데 우산이끼가 사용된 기록이 남아 있다. 일본의 선태학자들이 우산이끼에서 항 HIV 성분을 발견하거나, 큰꽃송이이끼(Rhodobryum giganteum)가 심혈관 건강에 긍정적인 효과를 보인 연구들도 있다.

이 외에도, 히말라야 지역에서는 특정 이끼가 담석 치료에 사용되었다는 기록이 있으며, 피부염 같은 감염성 피부 질환에도 이끼의 항균 효과가 활용되었다. 한 예로, 리시아(Riccia fluitans:물긴가지이끼)를 갈아서 링웜(곰팡이성 피부염)을 치료하기 위해 사용하기도 했다.

이끼는 항염증, 항균, 항산화 등 다양한 생리활성 효과가 있어, 신약 개발의 원료로 활용될 가능성이 크다. 예를 들어, 이끼의 추출물은 염증을 유발하는 물질들을 억제하거나 피부염 증상을 완화하는 데 효과를 보였고, 강력한 항산화 성분은 산화 스트레스를 줄여주는 데도 유용할 수 있다.

이러한 연구들은 이끼가 극한 자연환경에서도 살아남기 위해 발달시킨 생리적 방어기제가 인간 건강에도 유익하게 적용될 수 있음을 보여주고 있다. 다만, 이끼 성분들이 실제로 사람에게 안전하고 효과적으로 작용하는지 확인하려면 앞으로 더 많은 과학적 검증이 필요하다. 그렇지만 이끼를 연구하는 과학자들은 이 작고 독특한 식물이 미래 의학에 중요한 자원이 될 것이라는 기대를 가지고 있다.

이처럼, 작은 이끼 안에 숨겨진 놀라운 의학적 가능성을 이해하면, 우리가 자연 속에서 얼마나 많은 소중한 자원을 발견할 수 있는지 깨닫게 된다. 이러한 연구 결과들은 이끼가 다양한 의약품 개발의 원료로 활용될 수 있음을 시사한다. 특히 항염증, 항노화, 면역조절 등의 분야에서 이끼 추출물이나 그 활성 성분을 이용한 신약 개발이 기대되기도 한다. 그러나 대부분의 연구가 아직 초기 단계이므로, 임상 적용을 위해서는 더 많은 연구와 검증이 필요하다.

PART

3

문학으로 표현된 이끼적 사고

세상을 바꾼 태초의 힘

이끼적 사고

시 속에 담긴 이끼의 상징적 의미

이끼는 작지만, 그 속에는 강력한 생명력이 깃들어 있다. 시인들은 이끼를 자연과 시간, 그리고 끊임없는 생명력을 상징하는 도구로 자주 사용한다. 이끼가 자라는 모습은 마치 시간이 멈춘 듯 보인다. 그러나 실제로는 아주 천천히, 하지만 확실하게 자리를 잡고 주변에 생명을 불어넣는다. 이 모습은 시인들에게 매우 매력적인 상징이다.

이끼는 급하지 않다. 서두르지 않으면서도 자연 속에서 자신의 자리를 찾아간다. 이끼가 주는 이러한 느린 성장은 우리 삶에서도 중요한 메시지를 담고 있다.

苔[태](이끼)
작자: 원매

白日不到處[백일부도처] : 밝은 해가 이르지 않는 곳에서

靑春恰自來[청춘흡자래] : 푸른 봄이 스스로 오는 것 같네.

苔花如米小[태화여미소] : 이끼 꽃은 작은 쌀알 같지만

也學牡丹開[야학모란개] : 모란을 흉내내어 피는구나.

이 시는 이끼의 생명력과 그 속에서 피어나는 작은 꽃에 대한 묘사를 담고 있다. 원매는 이끼꽃을 쌀알만큼 작고 소중한 존재로 비유하며, 햇볕이 들지 않는 곳에서도 푸르름이 저절로 찾아온다는 메시지를 전달한다. 이는 소외된 존재들이 어떻게 자신의 가치를 찾고 성장할 수 있는지를 상징적으로 표현하고 있는 것이다.

녹채(鹿柴)

작자: 왕유

空山不見人[공산불견인] : 깊은 산 인영은 보이지 않고

但聞人語響[단문인어향] : 사람들의 소곤거림만 귀에 울리네.

返景入深林[반경입심림] : 석양 볕 깊은 숲 안으로 비껴 들어와

復照靑苔上[부조청태상] : 푸른 이끼 위를 비추누나

석양의 빛이 이끼 위에 드리워지는 모습은 시간의 흐름과 함께하는 변화를 상징한다. 이끼는 빛을 받으며 생명력을 잃지 않고 여전히 아름다움을 유지하고 있다는 점에서, 변화 속에서도 고유의

정체성을 지키는 자연의 상징이 된다. 이끼가 놓인 곳은 자연의 평화로움을 나타낸다. 또한 이끼는 조용한 자연의 한 부분으로, 인간의 소음과 동떨어진 공간을 상징하기도 한다.

이끼는 고요하면서도 생명력이 넘치는 모습으로, 시인들에게 명상적 감정을 불러일으키는 매개체가 된다. 나희덕의 〈이끼〉에서는 "이끼가 자라는 어둠의 시간."이라는 구절을 통해 어둠 속에서도 고요히 자라나는 이끼의 모습이 묘사된다. 이는 내면의 목소리에 귀를 기울이고, 삶의 진정한 가치를 탐구하는 과정을 상징한다.

또한 장석주의 〈이끼에게〉에서는 "가만히 앉아 들여다보면, 이끼는 우주의 비밀을 품고 있다."라는 구절이 나온다. 우주라는 거대함을 담아내는 이끼를 표현하여 우리 내면의 성찰을 도와주는 거울 같은 존재로 그려진다. 시인들은 이끼를 통해 고요히 흐르는 시간 속에서 자신을 바라보는 경험을 독자들에게 제안한다.

이 외에도 시를 통해 이끼를 표현한 작품들이 많다. 고요함과 평화는 여러 작품 속에 반복적으로 등장한다.

<이끼> (안도현): "그 자리를 지켜내는 동안에야 비로소 자라나는 것."
<이끼의 시간> (류인채): "멈춰있으나 흐르고, 흐르지만 고요한 시간."
<이끼박물관> (이사라): "각각의 작은 이끼가 담고 있는 침묵의 세계."

작품들에서는 이끼가 지닌 조용한 성장과 고요함, 평화 등으로 나타나며, 주로 고요함, 시간의 흐름, 자연의 순환 등을 상징하는 소재로 사용되는 경우가 많다. 또한 이끼는 시간이 멈춘 듯한 정적과 명상적인 분위기를 연출한다.

이끼가 자라는 모습은 눈에 잘 띄지 않지만, 그 속에는 깊은 고요함이 있다. 이 고요함은 시 속에서 독자들에게 명상적인 감정을 불러일으킨다. 이끼가 자리를 잡고 고요히 자라나는 모습은 우리에게 시간의 흐름을 잠시 멈추고, 내면의 소리에 귀를 기울이라는 메시지를 담는다.

이렇듯 시인이 이끼를 통해 표현하는 것은 단순히 자연의 한 부분을 넘어 우리 내면의 평화와 고요를 상징하기도 한다. 시 속에서 이끼는 자연의 일부일 뿐만 아니라, 인간이 삶을 어떻게 바라보고 살아가야 하는지에 대한 깊은 성찰을 가능하게 하는 매개체다.

2

소설 속 이끼의 이미지

　소설 속에서 이끼는 깊은 상징적 의미를 담고 있다. 자연과 인간이 조화롭게 공존하는 모습, 그리고 인간이 자연을 통해 정신적 회복과 성찰을 경험하는 과정을 표현하는 중요한 소재로 사용된다.

　또한, 시간의 흐름을 나타내거나 자연의 생명력과 회복력을 표현하는 요소로 고요함이나 정적을 묘사하기도 한다. 습하고 어두운 환경을 표현하기도 하는 이끼는, 많은 소설에서 배경 묘사나 분위기 조성을 위해 사용되는 경우가 많다.

　천선란의 소설 「이끼숲」에서는 이끼가 소설의 제목에 직접 쓰이며 중요한 상징적 요소를 담는다. 이 작품 속에서 '이끼숲'은 지상의 숲을 의미한다. 주인공들이 그곳으로 탈출해 진정한 자유와 행복을 찾는 과정을 담고 있다. 작품 속 이끼는 생명력과 희망, 새로운 세계로의 도달을 상징하는 소재로, 작품의 주제와 메시지를 전달한다. 이와 같이, 이끼는 때로는 치유와 자유의 공간을 상징하며 소설 속 인물들이 경험하는 정신적 성장이나 변화 과정을 드러내는 중요한 장치가 되기도 한다.

[그림27] 오에 겐자부로, 「반짝이끼」

또한, 일본 작가 오에 겐자부로의 소설 「반짝이끼」가 있다. 여기서는 이끼를 또 다른 상징적 의미로 쓴다. 이 작품은 일본 전후 문학의 실험적 작품 중 하나로 평가받고 있다. 「반짝이끼」 속에서 이끼는 단순한 자연물이 아닌 죄의 유무를 나타내는 표식으로 묘사되며, 작품 속 긴장감을 더하고 인간 내면의 갈등을 암시한다. 이러한 상징을 통해 이끼는 자연 속에 인간이 남긴 흔적과 인간이 자연을 어떻게 인식하고 있는지를 상기시키는 역할을 한다.

이 외에도 자연을 배경으로 한 소설에서 이끼는 자주 등장한다. 산이나 숲을 배경으로 하는 작품에서는 이끼가 시간의 흐름과 자연의 지속성을 상징하며, 독자들에게 고요하고 신비로운 분위기를 전달하는 역할을 한다. 특히 오래된 건물이나 유적을 배경으로 하는 역사 소설이나 고전 문학에서는, 이끼가 시간의 흐름을 상징하며 인류의 역사를 담고 있는 소재로 활용된다. 이끼가 낀 오래된 벽이나 돌들은 마치 시간의 흔적을 그대로 간직한 듯이 느껴지며, 작품 속 인물들이 과거와 마주하는 순간을 부각한다.

환경 문제를 다룬 현대 소설에서도 이끼는 중요한 상징이 된다. 기후 변화나 환경 파괴와 같은 주제를 다루는 작품에서는 이끼가 생태계의 회복력과 자연의 생명력을 상징한다. 기후 변화로 황폐해진 땅에서 다시금 자라나는 이끼는 자연의 강한 생명력을 보여주며, 인간이 자연을 보호하고 회복해야 할 필요성을 독자들에게 환기시킨다. 이끼는 이렇게 지속 가능성과 생명력을 상징하며, 환경 보호와 복원이라는 메시지를 담아내고 있다.

자연 속 흔한 이끼가 소설 속에서는 매우 다양한 상징적 의미를 통해 이야기의 깊이를 더하는 역할을 한다. 이끼는 자연과 인간이 연결되는 중요한 고리가 되어, 문학의 상징적 요소로 자리 잡고 있다.

3

전설과 탄생화로서의 이끼

이끼와 관련된 전설은 전 세계적으로 다양하게 존재한다. 한 고대 신화에서는 이끼가 생명력과 재생을 상징하는 이야기로 등장한다. 어떤 숲의 신이 상처를 입고 쓰러진 자리에 이끼가 자라나면서 그 상처가 치유되었다는 전설이 있다.

이끼는 다른 식물들처럼 빠르게 자라지 않지만, 그 느린 속도 속에서 오랜 생명력을 지닌다. 이러한 특성 때문에, 고대 사람들은 이끼가 자연의 재생력을 나타낸다고 믿었다. 이끼가 자라는 숲속 공간은 시간이 흐름에 따라 다시 회복되는 자연의 힘을 상징하는 장소로 여겨졌다. 이끼는 마치 생명의 재탄생을 기다리는 듯, 고요하지만 강한 생명력을 보여준다.

일본의 전설도 유명하다. 옛날, 일본의 한 마을에 아름다운 공주가 살고 있었다. 이 공주는 자신의 아름다움 때문에 많은 남자들에게 사랑을 받았지만, 그중 한 남자를 깊이 사랑하게 되었다. 그러나 그 남자는 전쟁에서 죽고 말았다. 공주는 슬픔에 잠겨 그를 기다리며 매일매일 그의 무덤을 찾아가 눈물을 흘렸다. 시간이 흘러, 공주의 눈물은 무덤 위에 떨어졌고, 그 눈물에서 이끼가 자라나기 시작했다. 그리하여 이끼는 공주의 슬픔과 사랑을 상징하게 되었고, 오늘날까지도 일본에서는 이끼가 사랑과 헌신을 상징한다.

이끼는 1월 22일, 1월 29일, 8월 10일, 12월 2일의 탄생화다.
이끼의 꽃말은 주로 '모성애', '인내', '끈기'로 알려져 있다. 각 꽃말은 이끼의 생태적 특성과 연관되어 있으며 그 속에 담긴 상징성을 잘 설명해 준다. 이끼가 가진 독특한 특성과 생명력은 그 꽃말에도 깊이 반영되어 있다.

첫 번째 꽃말인 '모성애'는 이끼가 다른 식물들과 조화롭게 공존하는 모습에서 비롯되었다. 이끼는 다른 식물들과 함께 자라며, 주변 환경을 보호하고 유지하는 역할을 한다. 이는 어머니가 자식을 돌보듯이 자연을 돌보는 이끼의 역할과 닮아 있다. 이끼는 생태계에서 중요한 역할을 하며, 땅을 보호하고 수분을 유지해 주는 특성으로 인해 모성애의 상징으로 여겨지게 되었다. 이처럼 이끼는 자연의 어머니 같은 존재로, 생명을 품고 보호하는 상징을 지닌다.

두 번째 꽃말은 '인내'다. 이끼는 열악한 환경에서도 자라나는 특성이 있다. 특히 습하고 그늘진 곳에서도 잘 자라며, 바위틈이나 나무줄기 위에서도 잘 자란다. 극한의 조건을 견뎌내는 생명력을 자랑한다. 오랜 시간 동안 천천히 자라지만 끈질긴 생명력을 보여주는 이끼는 인내의 상징이 되었다. 이는 우리에게 어떤 어려움이 닥치더라도 포기하지 않고 견뎌내는 힘을 상기시켜 준다. 인내의 꽃말은 특히 고난을 이겨내고자 하는 사람들에게 큰 위로와 영감을 준다.

세 번째 '끈기'는 이끼의 또 다른 꽃말로, 작은 공간에서도 끊임없이 자라나는 이끼의 생태적 특성에서 비롯되었다. 이끼는 눈에 잘 띄지 않지만, 시간이 지남에 따라 넓은 면적을 덮으며 천천히 그러나 꾸준히 번식한다. 이는 어떠한 어려움 속에서도 포기하지 않고 목표를 향해 나아가는 정신을 상징한다. 이 꽃말은 개인의 목표를 꾸준히 추구하는 사람들에게 큰 의미를 부여하며, 이끼처럼 끈기 있게 성장할 수 있음을 상징적으로 보여준다.

4

동화 속 이끼의 역할

이끼는 동화책에서도 중요한 역할을 맡고 있다. 「우주의 속삭임_반짝이는 별먼지」와 「이끼야 도시도 구해 줘!」 두 동화책에서 이끼는 각기 다른 상징성을 가지며 이야기를 풍성하게 만든다. 각 동화 속에서 이끼가 어떤 의미로 사용되는지 하나씩 살펴보자.

먼저 「반짝이는 별먼지」에서 이끼는 황폐한 우주 기지에서 발견된다. 주인공 티티는 미약한 생명체를 감지하고, 이 생명체가 바로 이끼라는 사실을 알게 된다. 티티는 이 생명체에 '보보'라는 귀여운 이름을 붙여주고, 정성스럽게

[그림28] 「우주의 속삭임_반짝이는 별먼지」

돌보며 우주에서의 소중한 친구로 여긴다.

이 동화 속에서 이끼는 '생명의 시작과 희망'을 의미한다. 아무것도 없는 척박한 우주에서 처음으로 발견된 생명체이기 때문에, 이끼는 마치 생명의 시작을 나타내며 새로운 희망을 상징한다.

그다음은 '인내와 시간'을 의미한다. 이끼는 아주 천천히 자라기 때문에, 마치 우주의 긴 시간을 반영하듯이 느리게 생명을 이어간다. 이를 통해 아이들은 우주의 시간 속에서 생명이 가진 인내심을 느낄 수 있다. 또한 '강한 적응력'을 상징한다. 극한의 환경 속에서도 자라는 이끼는 생명체가 어떤 상황에서도 살아남을 수 있음을 보여주며, 생명의 강인함을 전달하고자 한다. 이렇게 「반짝이는 별먼지」는 우주적 관점에서 이끼를 통해 생명과 시간을 바라보게 하고, 아이들에게 생명의 회복력과 희망을 느끼게 해준다.

[그림29] 「이끼야 도시도 구해 줘!」

한편, 「이끼야 도시도 구해 줘!」는 이끼가 주인공으로 등장하는 그림책이다. 이 동화에서 이끼는 도시를 구하는 영웅이자 환경 문제를 해결하는 중요한 존재로 그려진다. 실제로 이끼는 공기를 깨끗하게 하고, 도시의 열기를 낮춰주며, 생태계를 회복하는 데 도움을 주는데, 이러한 특성들이 이야기 속에서 적극적으로 활용된다. 그래서 이끼는 환경 문제 해결사로 등장하고 있다.

또한, 이 동화는 자연과 도시의 공존을 상징한다. 도시 속에서 자라는 이끼는 자연과 도시가 조화롭게 어우러질 수 있음을 보여주며, 독자에게 자연과 함께하는 도시의 이상적인 모습을 상기시킨다. 어린이 독자들은 이 동화를 통해 이끼가 환경에 중요한 역할을 한다는 것을 자연스럽게 배우고, 나아가 자연을 보호해야 한다는 생각을 키워갈 수 있다.

이 책 속에서 이끼는 단순히 작은 생명체가 아닌 희망과 회복력의 상징으로 묘사된다. 환경 문제로 고통받는 도시를 개선해 나가는 이끼의 모습은 어린이들에게 자연의 회복력을 알려주고, 그들에게 긍정적이고 능동적인 환경 인식을 심어준다. 이끼가 만들어 내는 변화는 작지만 강력하다. 이를 통해 아이들은 자신의 행동으로도 큰 변화를 일으킬 수 있다는 희망을 품게 된다.

이처럼 두 동화 속 이끼는 각기 다른 환경에서 다양한 의미를 지니고 있다. 「반짝이는 별먼지」에서는 우주 속 생명과 시간의 상징으로, 「이끼야 도시도 구해 줘!」에서는 환경 문제를 해결하는 영웅으로 나타난다. 이끼는 작은 생명체이지만, 동화 속에서는 중요한 메시지를 전달하며 어린이들에게 생명과 자연, 그리고 환경의 중요성을 깨닫게 해주는 소중한 존재로 그려지고 있다.

5

다양한 작품으로 만나는 이끼

우리나라에서 '이끼'라는 이름만으로 연상되는 가장 유명한 작품이 있다. 바로 윤태호 작가의 만화 「이끼」다. 이 만화는 큰 인기를 얻어 영화로 제작되었다. 원작 「이끼」는 제목에서부터 특별한 상징성을 담고 있다. 작품 속에서 '이끼'는 단순한 식물이 아니라 다양한 의미를 담은 중요한 상징이다. 이 만화에서 이끼는 마치 사회 속 숨겨진 진실과 어두운 면을 표현하는 것처럼 보이는데, 이를 통해 작가는 우리가 알지 못하는 부패와 인간의 어두운 본성을 드러내고자 했다.

[그림30] 윤태호 작가, 「이끼」

이 작품에서 이끼는 강한 생명력과 적응력을 상징한다. 실제 이끼는 극한의 환경에서도 잘 자라는 강인한 식물이다. 어려운 상황에서도 묵묵히 버티며 생존하는 모습으로, 끈질기게 살아가는 사람들을 상징하기도 한다.

또한 '이끼'라는 단어가 주는 서늘하고 음습한 느낌은 작품 전체의 분위기를 만들어준다. 이끼는 사람들에게 두려움을 불러일으키며, 그 안에 감춰진 비밀과 어둠을 암시한다. 윤태호 작가는 처음에 '이끼'라는 단어에서 영감을 받아 작품을 구상했다고 하는데, 이를 통해 작품이 다루고자 하는 주제와 메시지를 단단히 담고 있는 상징으로 이끼가 등장한 것을 알 수 있다.

「이끼」에서의 이끼는 이처럼 다양한 상징을 품고 있다. 이 만화를 통해 작가는 단순히 사회의 부정적인 면을 비판하는 것에 그치지 않고, 인간 본성과 우리 사회에 대해 다시 한번 생각하게 한다.

다양한 작품 속에서 이끼는 동양과 서양에 따라 서로 다른 의미로 사용되기도 한다. 예를 들어 동양, 특히 일본에서는 이끼가 시간이 흘러도 변하지 않는 지속성을 상징하며, 조용하고 평화로운 분위기를 나타낸다.

'이끼의 나라'라고 불려도 될 만큼 이끼에 진심인 일본은 국가(国歌)인 君が代(기미가요)에서도 이끼가 등장한다.

君が代は[기미가요와] : 천왕의 시절이

千代に八千代に[치요니 핫센다이니] : 천년만년 오랜세월

細れ石の[호소레 이시노] : 작은 돌이

岩となりて[이와토 나리테] : 큰 바위가 되어

苔の生す迄[코케노 나스마데] : 이끼가 낄 때까지

일본이 천왕(君)과 이끼(苔)의 나라라는 것이 국가로도 명확히 알 수 있는 대목이다. 전 세계에서 국가에 이끼가 등장하는 나라는 일본이 유일하다. 또한 일본의 선(禪) 정원(선불교의 철학과 미학을 반영하는 독특한 정원 양식)에서도 이끼는 평화와 내적 평정을 나타내는 요소로 쓰인다.

반면 서양에서는 이끼가 낡고 오래된 것을 상징한다. 오래된 건물이나 구조물에 자라는 이끼는 쇠퇴와 노화를 나타내고, 종종 신비로운 분위기를 더해준다. 마법과도 연관되어 요정이나 마법적 존재와 연결되기도 한다.

현대 예술에서 이끼는 새로운 의미를 담아가고 있다. 예술가들은 이끼를 통해 환경, 시간, 그리고 인간과 자연의 관계에 대한 많은 주제를 표현하는데, 이는 몇 가지 대표적인 상징성을 통해 살펴볼 수 있다.

먼저, 이끼는 환경 보호와 지속 가능성에 대한 메시지를 전하는 매개체로 자주 사용된다. 이끼 예술 작품은 자연의 생명력과 환경을 보존하는 중요성을 강조하여, 사람들에게 환경에 대한 경각심을

[그림31] 모스그라피(Moss Graffiti), 도심의 벽을 이용한 이끼작품

불러일으킨다.

또한, 도시의 건물 벽이나 도심 속에서 이끼를 이용한 예술은 자연과 도시가 조화롭게 공존할 수 있음을 상징한다. 빠르게 발전하는 도시 속에서 이끼는 자연의 흔적을 남기며, 사람들에게 인간과 자연의 관계를 돌아보게 만든다.

이끼는 천천히 자라기 때문에, 그 성장 속도는 현대 사회의 빠른 삶의 속도와 대비된다. 예술가들은 이 느린 성장을 통해 사람들이 시간의 흐름을 천천히 음미하고, 현대의 빠른 생활에 대한 태도를 돌아보게 만들 때 쓰이기도 한다.

이처럼 이끼는 현대 예술에서 환경, 도시와 자연의 공존, 그리고 시간에 대한 메시지를 담고 있으며, 예술가들은 이를 통해 변화하는 현대 사회의 가치관을 표현하고 있다. 각기 다른 문화와 맥락에서 다양한 상징적 의미를 지닌 이끼는 현대 예술 속에서 끊임없이 새로운 의미로 재해석된다.

PART
4

환경을 지키는
이끼적 사고

세상을 바꾼 태초의 힘

이끼적 사고

자연이 만든
작은 공기청정기

이끼는 우리 주변의 공기를 맑게 하는 작은 친구다. 나무처럼 광합성을 통해 이산화탄소를 흡수하고 산소를 내뿜는다. 심지어 나무보다 산소배출량이 200~300배에 달하며 $1m^2$당 나무의 50그루량을 방출한다. 동시에 공기 중의 먼지와 오염물질도 흡수하는 특별한 능력을 가지고 있다. 이끼가 어떻게 공기를 정화하는지, 그 과정을 쉽게 이해해 보자.

첫 번째, 이끼의 공기 정화 과정이다. 이끼는 뿌리가 없어 주변 공기 중에서 직접 필요한 수분과 영양분을 흡수한다. 이 과정에서 미세먼지와 유해 물질이 이끼의 표면에 흡착된다. 이끼 표면은 양전하를 띠고 있어 음전하를 가진 미세먼지를 끌어당기는 자연적 필터 역할을 한다. 연구에 따르면, 이끼는 단위 면적당 최대 20g의 미세먼지를 흡수할 수 있으며, 이는 같은 면적의 다른 식물보다 두

[그림 32] 이끼 담장

배 이상 효율적이다.

또한, 이끼는 대기 중 질소산화물(NOx), 암모니아(NH3), 이산화황(SO2) 등 다양한 유해 가스를 흡수해 공기 질을 개선한다. 한 실험에서는 이끼가 도시 대기 환경에서 질소산화물 농도를 40% 이상 감소시킨 사례가 보고되었다. 이끼의 공기 정화 메커니즘은 도시 환경의 대기오염 문제를 해결하는 데 강력한 도구가 될 수 있다.

두 번째, 이끼의 뛰어난 탄소 흡수 능력이다. 이끼는 광합성을 통해 공기 중의 이산화탄소를 흡수하고 산소를 방출하는데, 이는 기후 변화 완화에도 도움이 된다. 나무가 탄소를 흡수하는 방식과 비슷하지만, 이끼는 나무와 달리 환경이 극한이거나 다른 식물이 자라기 어려운 곳에서도 잘 자란다. 예를 들어 습기가 많은 지역에서 잘 자라는 이끼는 이러한 조건에서 더 많은 탄소를 흡수하고 저장할 수 있다.

나무는 성장하는 데 오랜 시간이 걸리고 공간도 많이 필요하지만, 이끼는 작은 면적에서도 빠르게 자라면서 이산화탄소를 흡수하기 때문에, 도시 같은 제한된 공간에서도 탄소 흡수의 역할을 잘할 수 있다. 또한 이끼는 흡수한 탄소를 몸속에 저장해 기후 변화 완화에 기여하는 중요한 생물이다.

세 번째, 실내 공기 정화와 천연 가습 효과가 좋다. 이끼는 실내

[그림33] 실내 거실의 공기정화 액자

공기 중의 유해 물질을 제거할 뿐만 아니라, 미세한 물방울을 방출해 실내 습도를 조절하는 천연 가습기 역할도 한다. 이끼는 늘 수분을 필요로 하기 때문에, 공기 중 수분을 모아두고 천천히 방출하여 건조한 실내 환경을 쾌적하게 만든다. 이는 실내 온도와 습도를 조절하는 데 도움을 주어, 특히 새집 증후군과 같은 실내 공기 오염 문제를 해결하는 데 효과적이다.

이끼는 수분을 잃지 않도록 여러 개체가 모여 함께 자라며, 서로 수분을 공유하는 전략을 가지고 있다. 이는 이끼가 서로 협력하면서 극한의 환경에서도 잘 버틸 수 있도록 돕는 방법이다.

이끼는 공기 중에서 필요한 모든 것을 얻기 위해 특별한 생존 전략을 가지고 있다. 공중의 습기와 먼지에서 필요한 수분과 양분을 얻고, 몸집을 작게 유지하여 에너지를 절약하며, 여러 개체가 모여 사는 집단 생활로 수분 손실을 최소화한다. 즉, 자연에서 중요한 역할을 하며 기후 변화 완화, 공기 정화, 실내 환경 개선 등 다양한 환경적 이점을 제공한다. 자연이 만든 작은 공기청정기인 이끼, 도시와 자연 속에서 큰 역할을 하니 더욱 신비롭고 소중한 존재가 아닐 수 없다.

2

도시의 열섬 현상, 이끼로 식히다

도시는 콘크리트 건물과 도로가 많아 여름철에 특히 뜨겁게 달아오른다. 이 때문에 기온이 높은 지역이 섬처럼 형성되는데, 이를 "열섬 현상"이라고 한다. 도시가 과도하게 뜨거워지면 에어컨 사용이 늘어나고, 이는 다시 온실가스 배출로 이어지면서 악순환이 생긴다. 이 문제를 해결하려면 도시의 녹지를 늘리는 방법이 있고, 그 중 하나가 "이끼"다. 이끼는 겉보기엔 작고 소박한 식물이지만, 여러 가지로 열섬 현상을 완화하는 데 큰 역할을 한다.

1. 증발냉각 효과

이끼는 스스로 수분을 머금고 증발시키면서 주변 온도를 낮추는 능력이 있다. 물이 증발할 때는 주변의 열을 흡수하기 때문에, 이 과정에서 주변 공기가 시원해지는 효과가 나타난다. 그래서 뜨거운 도시에 이끼를 심으면 시원한 공기를 느낄 수 있게 되는 것이다.

2. 태양열 반사 및 흡수

이끼는 태양열을 반사하거나 흡수하면서 건물이 받는 열을 줄이는 역할도 한다. 건물 벽이나 옥상에 이끼를 덮으면, 뜨거운 태양열이 건물 내부로 덜 전달되어 건물 안의 온도가 오르는 걸 막을 수 있다. 덕분에 여름철 에어컨 사용이 줄어 에너지 절약 효과도 볼 수 있다.

3. 단열 효과

이끼는 자연적인 단열재 역할도 한다. 단열재란 건물의 온도가 급격히 변하는 걸 막아주는 것이다. 이끼를 벽에 덮으면 여름엔 열이 덜 들어오고 겨울엔 열이 덜 빠져나가게 되어 실내 온도를 일정하게 유지할 수 있다.

4. 도시의 녹지 면적 확대

이끼는 건물의 옥상이나 벽면 같은 빈 공간에 쉽게 자라서 도시의 녹지 면적을 늘릴 수 있다. 작은 공간이라도 이끼가 많아지면 열섬 현상을 완화하는 데 큰 도움이 된다. 게다가 이끼는 작은 공간에서도 잘 자라므로, 좁은 도심에서 활용하기도 좋다.

특히 늦은서리이끼(Racomitrium japonicum Dozy & Molk) 또는 탄소꽃이끼라고 불리는 이끼 품종은 열섬 현상을 줄이는 데 매우 효과적이다. 탄소꽃이끼는 이산화탄소를 빠르게 흡수하고, 기후

[그림34] 지붕 벽돌 이끼

변화에 맞서 강한 생존력을 가진다. 실험 결과에 따르면, 탄소꽃이끼는 10분 만에 주변 공기 중 이산화탄소 농도를 65%나 감소시키는 놀라운 능력을 보여주었다. 그래서 공원이나 건물 옥상에 탄소꽃이끼를 심으면 공기도 더 깨끗해지고, 온도도 더 낮아지는 효과가 있다.

또한 이끼는 단순히 공기를 정화할 뿐만 아니라, 대기오염물질도 흡수하고 환경을 안정시키는 데 도움을 준다. 전 세계에서 이끼 품종 연구가 활발히 진행되는 이유도 바로 이 때문이다. 강한 생명력을 가진 이끼는 뜨겁거나 추운 환경에서도 잘 자라기 때문에 도시 내 공원, 벽면이나 정원, 옥상 녹화 등에서 잘 활용될 수 있다.

이끼의 크기는 작지만, 도시의 열섬 현상 완화와 기후 변화 대응에 큰 힘이 되는 식물이다. 앞으로 이끼의 다양한 효과로 인해 이끼는 미래의 녹색도시를 만드는 데 없어서는 안 될 중요한 존재로 떠오르고 있다.

3

토양을 지키는 이끼의 힘

이끼는 토양을 보호하고 복원하는 데 중요한 역할을 한다. 특히 척박한 환경에서도 잘 자라며, 훼손된 생태계를 되살리는 데 큰 도움이 된다. 이끼는 뿌리 대신 몸 전체로 토양 입자를 단단히 잡아주며, 토양 표면에 밀착해 자라면서 바람이나 빗물에 의한 침식을 방지한다. 또한, 이끼는 수분을 흡수하고 이를 오랫동안 유지하는 능력이 뛰어나 건조한 환경에서도 토양이 마르지 않게 보호하며, 다른 식물들이 자라기에 적합한 습도를 유지하는 데 도움을 준다. 더불어, 대기 중에서 질소 같은 영양분을 흡수하여 저장하고, 이끼가 죽고 분해되면 이러한 영양분이 토양으로 돌아가 식물들이 성장할 수 있도록 영양분 순환을 돕기도 한다. 또한, 이끼는 토양의 산도를 조절하는 역할도 하여 다른 식물들이 잘 자랄 수 있는 적절한 환경을 만들어 준다.

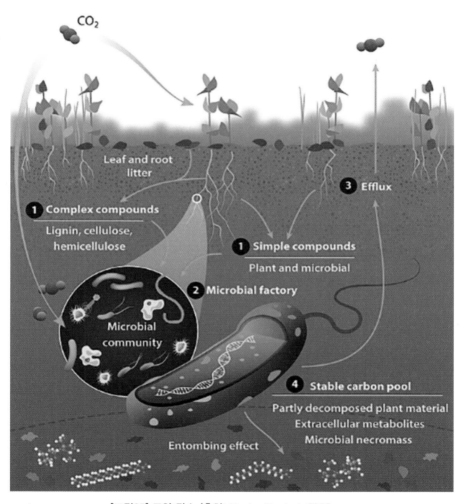

[그림35] 토양 탄소 (출처: Naylor D, et al. 2020.
Annu Rev. Environ. Resour. 45:29–59)

이처럼 이끼를 활용한 토양 복원 방법에는 여러 가지가 있다. 예를 들어, 이끼를 인공적으로 배양하여 배양액 형태로 만들어 넓은 지역에 살포하면, 몇 주 뒤 이끼가 자라기 시작해 토양을 안정화시키고 복원하는 효과가 나타난다.

산불 피해를 입은 지역에서도 활용이 가능하다. 이끼가 토양을 건강하게 되돌리며 미세 곤충과 작은 동물들이 살 수 있는 환경을 제공하기 때문이다. 건조 지역에서는 이끼가 토양의 수분을 유지해 다른 식물들이 자랄 수 있는 환경을 조성하며 사막화 지역에서도 효과적인 복원 방법으로 주목받고 있다.

우리나라에서도 이끼를 활용하여 토양 복원을 성공적으로 이끈 사례를 찾아볼 수 있다. 바로 '제주도 도너리오름' 지역과 '충남 태안 간척지'의 복원 사례다. 먼저 제주도 도너리오름에서는 서리이끼와 털깃털이끼 같은 자생 이끼를 이용해 토양을 건강하게 복원했고, 이 과정에서 토양의 영양 성분과 수분 보유력이 개선되는 성과를 거두었다. 충남 태안 간척지에서는 이끼 배양액으로 오염된 토양을 복원하며, 토양 구조 안정화와 수분 보유에 기여했다.

미국 네바다주의 사막화 지역에서도 이끼 배양액을 이용한 토양 복원 프로젝트가 진행 중이다. 이 프로젝트에서 이끼는 토양에 영양분을 공급하고 수분을 유지해 사막화 방지에 기여하고 있다. 또한, 달의 토양을 복원하여 식물을 키우기 위한 이끼 활용 연구도 진행되고 있는데, 이는 미래에 우주에서도 토양 복원과 생태계 조성에 이끼가 기여할 가능성을 보여준다.

이처럼 이끼는 척박한 환경에서도 토양을 보호하고 개선하며, 산불 피해지나 사막화 지역, 오염된 간척지 등 다양한 환경에서 생태계 복원에 큰 역할을 하고 있다. 이끼는 생태계의 중요한 조력자이자, 토양의 질을 높이고 안정화해 주는 중요한 자원으로써 앞으로도 더욱 주목받을 것이다.

4

생물 다양성의 터전

이끼는 다양한 생물들에게 서식지와 먹이를 제공하여 생물 다양성을 높이는 역할을 한다. 이끼가 자라는 환경은 작은 벌레와 거미류, 곤충, 그리고 작은 포유동물들까지 다양한 생물들이 살아갈 수 있는 생태계를 만든다. 이끼가 있는 곳은 곤충이 알을 낳거나 먹이를 사냥하는 장소로서의 역할을 하며, 생물들이 이끼를 쉼터 삼아 생활하기도 한다. 몇몇 동물들에게는 중요한 먹이원이 된다. 이렇게 이끼는 특정 환경에서 생물이 생존하는 데 필요한 영양분을 제공하며, 다양한 동식물들이 공존할 수 있는 기반을 마련한다.

또한, 이끼는 미생물 활동을 촉진하는 데에도 기여한다. 이끼가 자라면서 토양 속 유기물이 늘어나고, 이는 미생물의 활발한 활동을 이끌어 내기 때문이다.

이끼는 시아노박테리아나 지의류와 같은 생물들이 함께 번성할 수 있는 환경을 조성하기도 하는데, 이로 인해 더 풍부한 생물 공동체가 형성된다. 서로 유익한 영향을 주고받는 이 생물 공동체는 생태계를 안정화시키며 다양한 생물들이 공존할 수 있는 토대를 마련해 준다.

이끼는 수분을 유지하고 토양을 고정해 환경을 안정적으로 만든다. 그렇게 안정화된 환경은 다양한 생물들이 살기에 적합하며, 생물 다양성을 증가시킨다. 특히 '토양 이끼'는 육지 생태계에서 중요한 역할을 담당하고 있다. 전 세계적으로 널리 분포한 토양 이끼는 토양의 건강을 돕고 생물 다양성을 높이는 데 기여한다. 한 연구에 따르면, 토양 이끼는 상당한 양의 탄소를 토양에 저장함으로써 지구의 이산화탄소 배출을 줄이는 데 도움을 준다고 한다.

이처럼 이끼는 영양소를 보존하고 필요한 영양분을 공급함으로써 다른 식물들이 잘 자랄 수 있도록 돕는다. 이끼가 있는 토양에서는 병원균의 비율이 낮아져 건강한 토양 생태계를 조성한다. 병원균이 줄어들면서 식물이 더 잘 자랄 수 있는 환경이 만들어지고, 이러한 안정화 효과는 토양 생태계 전체의 건강을 증진시키는 역할을 하는 것이다.

전 세계적으로 이끼는 다른 식물이 자라기 어려운 환경에서도 다양한 생물들에게 서식지와 먹이원을 제공한다. 이는 특히 사막과

[그림36] 토양 벽의 녹색이끼

같은 척박한 환경에서 더욱 두드러지며, 생태계의 생산성을 높이고 토양 보존에 기여하는 바가 크다. 이끼가 있는 곳은 많은 생물들에게 서식처와 먹이를 제공하는 중요한 장소가 되며, 이러한 역할을 통해 생물 다양성을 높이는 데 큰 기여를 하고 있다.

생태계 복원의 비밀

지금까지 다루었듯이 이끼는 그 존재 자체만으로도 생태계 복원에 큰 역할을 한다. 심지어 척박한 환경에서도 잘 자란다. 거의 아무것도 자라지 않는 바위나 메마른 땅에서도 정착해 나중에 다른 식물들이 자랄 수 있는 기반을 마련해 준다. 그렇기 때문에 이끼가 자리 잡은 곳에서는 토양이 형성되고, 다양한 식물들이 자라기 좋은 조건이 조성되는 것이다.

또한, 이끼가 자라면서 토양을 비옥하게 만드는 데에도 기여한다. 이끼는 주변에 유기물과 영양소를 남겨 다른 식물들이 성장하기 좋은 환경을 만들어 준다. 이끼가 자라는 동안 토양의 pH와 양이온 교환 용량이 개선되고, 칼슘, 칼륨, 마그네슘과 같은 필수 영양소도 증가해 식물들이 자라기 좋은 상태로 토양을 바꿔주는 것이다.

이끼는 대기 중에서 영양분을 흡수해 이를 토양에 공급하며, 이를 통해 토양의 영양분 순환이 원활해지도록 돕는다. 이로 인해 주변 식물들도 필요한 영양소를 쉽게 얻을 수 있어, 전체 생태계가 더욱 건강해진다. 또한, 이끼는 수분을 보유하는 능력이 탁월하다. 건조한 환경에서도 수분을 유지해 토양이 쉽게 건조해지지 않도록 돕고, 다른 식물들도 보다 쉽게 물을 얻을 수 있게 해 준다.

토양 내 미생물의 활동을 촉진하는 것도 이끼의 중요한 기능 중 하나다. 이끼가 자라면서 토양 내 유기물 함량이 늘어나는데, 이는 미생물들이 더 활발히 활동할 수 있는 조건을 만들어 준다. 미생물들은 이러한 환경에서 영양소를 분해하고 다른 생물에게 전달하는 역할을 하기 때문에, 이끼가 자라는 곳에서는 생태계가 건강하고 균형 있게 유지되는 것이다.

이끼는 또한 토양을 덮어주면서 흙이 바람이나 비에 의해 쉽게 유실되지 않도록 보호하는 역할을 하기도 한다. 비가 자주 내리는 지역에서도 이끼가 자라는 곳에서는 흙이 덜 씻겨 나가며, 토양 구조가 안정적으로 유지될 수 있다.

이끼는 탄소를 흡수하고 저장하는 능력이 있어, 공기 중의 이산화탄소를 흡수해 지구 온난화 완화에도 기여한다. 실제로 이끼를 활용한 생태계 복원 사례로는 인천 미추홀구 주안5동의 생태마을

이 있다. 공업도시의 공기 질을 개선하기 위해 조성된 이 생태마을에서는, 정선에서 재배한 이끼를 마을 곳곳에 심어 녹지 공간을 마련하고, 도시의 공기를 정화하며 주민들에게 쾌적한 환경을 제공한다.

최근에는 건축물 옥상에 이끼를 심어 녹화하는 방법도 주목받고 있다. 이끼는 가볍고 적응력이 뛰어나 옥상에서도 잘 자라기 때문에, 도시의 녹색 공간을 늘리고 공기 정화를 돕는 데 사용된다. 겨울철에도 생존력이 강한 이끼는 계절과 관계없이 지속적인 공기 정화 효과를 발휘할 수 있다.

이처럼 이끼는 자연과 도시에서 모두 생태계를 되살리는 데 큰 역할을 한다. 도시의 열섬 현상 완화, 공기 정화, 토양 복원 등 다양한 기능을 통해 지구 환경 개선에 크게 기여하는 중요한 존재로 자리잡고 있다.

PART

5

미래를 만드는
이끼적 사고

세상을 바꾼 태초의 힘

이끼적 사고

1

이끼가 제시하는
지속 가능한 농업

이끼는 물이 적고 척박한 환경에서도 잘 자라며, 환경 보호와 자원 절약을 위한 새로운 농업 방식으로 주목받고 있다. 특히, 이끼는 토양 비옥도를 높이고 바이오매스 에너지원으로서도 가능성을 가지며, 현재 다양한 연구가 진행 중이다. 이끼를 활용한 농업의 친환경 재배 방식과 연구 개발 동향을 살펴보자.

먼저 이끼의 친환경 재배 방법에는 대표적으로 세 가지가 있다.

1) 스펀지를 활용한 재배

이끼는 물을 흡수하고 서서히 방출하는 특성이 있어, 스펀지를 이용한 재배 방식이 효과적이다. 합성 스펀지를 기반으로 이끼를 재배하면 깨끗하고 균일한 품질의 이끼를 수확할 수 있으며, 물의 사용량을 줄일 수 있다. 이 방식을 통해 건조한 지역에서도 친환경 농업이 가능해진다.

2) 적층식 재배 방식

가벼운 재배 용기를 쌓아 올리는 적층식 재배 방식은 단위 면적당 이끼 생산량을 높일 수 있는 방법이다. 좁은 공간에서도 이끼를 여러 층으로 재배하여 수확량을 극대화할 수 있으며, 이는 도심 속 농업 또는 작은 규모의 재배 환경에서 이상적인 재배 방식으로 주목받고 있다.

3) 온실 재배

온실에서 이끼를 재배하는 방식은 온도, 습도, 빛의 조건을 최적으로 조절하여 생산성과 품질을 더욱 안정적으로 확보할 수 있는 방법이다. 온실 재배는 비료나 살충제 없이도 농작물의 안정적인 생육이 가능해, 친환경 농업에 큰 이점을 제공한다. 이는 이끼의 특성을 최대한 활용하여 재배할 수 있어 효과적이다.

이끼는 바이오매스 에너지원으로도 유용하게 활용될 수 있다. 바이오매스 에너지란 식물의 유기물을 연료로 사용하는 방식을 말한다. 이끼는 생산량이 많고 자라기 쉬워 지속 가능한 에너지원으로 적합하다. 이끼를 활용한 바이오매스 에너지 생산은 화석 연료에 비해 탄소 배출을 줄일 수 있어, 환경 보호에 기여할 수 있는 친환경 대안으로 떠오르고 있다. 이끼를 활용하여 바이오매스를 연료화하는 기술이 더욱 발전된다면, 친환경적인 에너지 생산이 가능해질 뿐 아니라 농업 외에도 다양한 산업 분야에서의 활용이 높아질 것이다.

미래를 위한 연구 개발 동향을 살펴보면, 최근 농촌진흥청과 여러 연구소에서 인공 재배에 적합한 이끼 품종을 선별하고, 대량 생산이 가능한 기술을 개발 중이다. 현재는 척박한 토양에서도 이끼가 안정적으로 자랄 수 있는 최적의 환경을 찾고 있으며, 대량 생산된 이끼를 활용한 다양한 산업화 가능성을 연구하고 있다.

또한, 이끼를 농업용으로 활용하기 위해 다양한 방법을 시도 중이다. 예를 들면, 내용물을 보호하며 효율적으로 배송할 수 있는 포장 방법을 연구하고 있다. 이끼 농업의 상업적 활용도를 높이고자 하는 것이다.

이처럼 이끼는 친환경적인 농업 방법을 제시하는 동시에, 바이오매스 에너지원으로서도 큰 가능성을 보여주고 있다. 앞으로도 지속적인 연구와 기술 개발을 통해 농업과 환경 보호를 동시에 실현하는 중요한 자원으로 자리 잡을 것이다. 또한, 이끼 재배는 농가에 새로운 소득원을 창출할 기회를 제공하며, 실내 조경 및 관상식물 시장에서도 새로운 상품으로 개발될 수 있다. 이끼의 다양한 활용 가능성은 미래의 지속 가능한 농업과 환경 개선을 위한 중요한 열쇠가 될 것이다.

2

이끼와 신재생 에너지

이끼가 에너지를 만들 수 있다면? 생소하게 느껴질 수도 있지만, 놀랍게도 가능하다. 미래에 이끼는 단순한 장식용 식물이 아니라, 중요한 에너지원이 될지도 모른다. 그리고 그 가능성에 대해 과학자들은 이미 주목하고 있다.

이끼는 광합성을 통해 대기 중의 이산화탄소를 흡수하고 산소를 방출하며 생명 활동을 지속한다. 이 과정에서 이끼는 빛을 이용해 유기물을 만들고 동시에 전자를 방출하는데, 이를 '바이오 전지'라고 부른다. 바이오 전지는 이 전자를 모아 전기로 변환하는 장치다. 이끼의 뿌리 부분에 있는 특정 박테리아가 이끼가 만든 유기물을 분해하면서 더 많은 전자를 방출하게 되는데, 이 전자들이 바이오 전지에서 전기로 변환된다.

이러한 원리를 통해, 이끼는 햇빛만 있으면 스스로 자라면서 전기를 만들 수 있다. 상상해 보면, 이끼가 건물의 벽면을 덮고 그 건물에 필요한 전기를 만드는 모습이 현실화될 수 있는 것이다. 이끼 기반 바이오 전지가 상용화된다면, 도시 곳곳에서 에너지를 자체적으로 생산하는 새로운 친환경 도시의 모습을 기대할 수 있다.

이끼 바이오 전지의 장점은 다음과 같다.

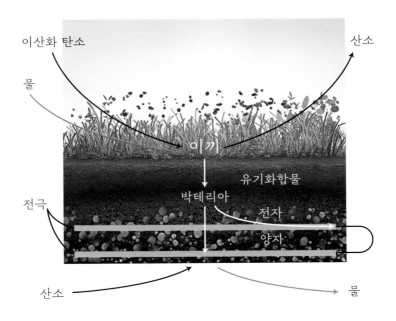

[그림37] 이끼 바이오 전지 프로세스

지속 가능성: 이끼는 자연에서 쉽게 자라고 특별한 관리가 필요 없으므로, 지속 가능하고 친환경적인 에너지원으로 적합하다. 물과 햇빛만 있으면 되기 때문에, 유지 비용이 거의 들지 않는다.

저비용: 전기를 생산하는 다른 발전소와 달리, 이끼는 특별한 기계가 필요 없다. 더구나 다양한 환경에서 자라므로 설치 장소의 제한도 적다.

친환경적: 이끼는 화석 연료를 사용하는 발전 방식과 달리, 탄소 배출이 거의 없어 주변 환경을 오염시키지 않는다.

만약, 이끼 기반 바이오 전지가 상용화된다면, 다양한 소형 기기와 환경 센서의 전원 공급에 유용하게 사용할 수 있다. 또한, 이끼는 건물의 벽면이나 도시의 빈 공간에서 쉽게 자라기 때문에, 미래에는 도심 곳곳에서 이끼로 전기를 생산하는 모습을 쉽게 볼 수 있을 것이다. 특히, 환경 모니터링 센서와 결합하면, 자연 속에서 에너지를 지속적으로 공급하며 주변 환경을 감시할 수 있는 시스템으로 활용될 가능성도 크다.

현재 이끼 기반 바이오 전지는 아직 연구 단계에 있으며, 상용화를 위해서는 더 많은 연구가 필요하다. 과학자들은 이끼가 만들어 내는 에너지를 더 효율적으로 수집하고 저장하는 방법을 연구하고 있으며, 에너지 변환 효율을 높이기 위한 기술 개발이 진행 중이다. 또한, 대규모 전력 생산을 위해서는 이끼의 생장 속도와 환경

적응력을 높이는 연구도 필요한 것으로 보인다.

　미래에는 이끼가 건물 외벽을 덮어 건물에 필요한 전력을 자체적으로 생산하거나, 공원 및 녹지 등에서 친환경 에너지를 공급하는 역할을 할 것으로 기대한다. 이끼 바이오 전지는 아직 초기 단계에 있지만, 기술이 더욱 발전한다면 이끼는 에너지와 환경 보호를 동시에 실현할 수 있는 중요한 자원이 될 것이다.

기후 변화의 심각성과 해결 가능성

　현재도 진행형인 지구의 가장 큰 위기, 기후 변화. 기후 변화는 지구 온난화로 인해 전 세계에 심각한 영향을 미치고 있다. 지구의 평균 온도가 1℃ 올라갈 때마다 극심한 가뭄, 물 부족 그리고 희귀 동식물 멸종 위기에 직면한다.

　현재도 세계 곳곳에서 지속되는 가뭄과 폭염, 허리케인, 홍수 등은 기후 변화의 영향이며, 이에 따라 농부들은 농지를 잃고, 수많은 생물이 서식지를 잃고 있다. 만약 지구 온도가 2℃ 상승하면, 해수면이 최대 7m 상승해 수많은 도시가 침수되고, 북극의 생물 15~40%가 멸종 위험에 처할 수 있다.

　기후 변화로 인한 피해는 심각하다. 기후 변화로 매년 약 30만 명이 목숨을 잃고 있으며, 지구 평균기온이 3℃ 이상 오를 경우에는 아마존 열대우림이 파괴되고 수억 명의 사람들이 기근과 해안

[그림38] 지구의 탄생(참고자료)

침수로 피해를 볼 수 있다. 인류가 기후 변화에 제대로 대응하지 않는다면, 지구 온난화는 계속 가속화될 것이다.

이런 기후 위기에 효과적으로 대응할 방법의 하나가 바로 이끼를 활용하는 것이다. 이끼는 여러 면에서 기후 변화에 대응할 수 있는 강력함을 지닌다. 특히 이산화탄소 흡수 능력이 뛰어나고, 도시 열섬 현상을 완화하며, 생태계를 복원하는 중요한 역할을 할 수 있다.

다음은 이끼가 기후 변화에 도움을 줄 수 있는 능력을 정리해 보았다.

높은 이산화탄소 흡수 능력

이끼는 연간 m^2당 약 1.51kg의 이산화탄소를 흡수할 수 있다. 이는 적은 면적의 이끼가 상당한 양의 이산화탄소를 제거할 수 있음을 의미한다. 한 연구에 따르면 이끼가 10분 이내에 대기 중 이산화탄소 농도를 65% 이상 감소시킬 수 있다고 한다.

탄소 저장 능력

이끼의 탄소 함유량은 평균 44.6%로, 이끼가 자라는 동안 흡수한 탄소는 오랫동안 저장된다. 이는 이끼가 온실가스를 대기에서 제거해 탄소를 땅속에 보관할 수 있음을 의미하며, 기후 변화를 완화하는 데 중요한 역할을 한다.

극한 환경 적응력

이끼는 영하 70℃에서 영상 50℃까지 생존할 수 있는 강한 적응력을 가지고 있어, 다양한 기후에서도 자라며 환경을 개선하는 데 사용될 수 있다.

도시 열섬 현상 완화

이끼의 증발산(지표의 수분이 대기로 상승하는) 작용은 주변 온도를 낮추는 역할을 한다. 이는 도시에서 열섬 현상을 완화하는 데 도움이 되며, 이끼를 건물 외벽이나 옥상에 배치함으로써 건물의 에너지 효율도 높일 수 있다. 예를 들어, 여름철에는 건물의 온도를 낮춰 냉방 비용을 절감하고, 겨울철에는 보온 효과로 난방 비용을 줄일 수 있다.

대기질 개선

이끼는 휘발성 유기 화합물(VOCs)을 거의 배출하지 않아 대기의 질을 개선하는 효과가 있다. 이를 통해 도시 공기 오염을 줄일 수 있다.

생태계 복원과 기후 변화 연구 기여

이끼는 토양을 형성하고 수분을 유지하는 데 중요한 역할을 한다. 이를 통해 다양한 생태계를 복원하는 데 기여할 수 있으며, 이끼의 생장과 반응을 연구하는 과정에서 기후 변화 모델에도 중요한 데이터를 제공하게 된다.

지금까지 기후 위기를 극복하기 위한 이끼의 가능성을 살펴보았다. 이처럼 이끼는 뛰어난 이산화탄소 흡수 및 저장 능력, 열섬 완화 효과, 그리고 도시 대기질 개선 효과는 기후 변화를 완화하는 데 크게 기여할 수 있다. 또한 기후 변화로 심각한 피해를 입은 도시 환경을 보호하고, 생태계를 회복하며, 장기적으로 탄소 배출을 줄이는 데 중요한 역할을 한다. 기후 변화의 속도를 늦추기 위해, 이끼를 활용한 녹화 사업과 연구는 꼭 필요한 전략으로 자리 잡을 것이다.

4

미래 환경 지표로서의 역할

이끼는 환경 변화에 민감하게 반응하여 중요한 생물학적 지표로 활용된다. 특히 대기 오염, 생태계 건강성, 기후 변화 모니터링의 세 가지 측면에서 중요한 역할을 한다. 이끼가 지구 환경의 변화와 위기를 어떻게 감지하고 기록하는지, 구체적인 예시와 함께 살펴보자.

1. 대기 오염 지표

이끼는 공기 중 오염물질을 흡수하여 그 상태를 반영하기 때문에 대기 오염을 측정하는 지표로 쓰인다. 예를 들어, 이끼는 큐티클 층이 없기 때문에 오염물질을 직접 흡수하는데, 프틸리디움 섬모(Ptilidium ciliare)와 같은 이끼는 질소산화물(NOx)이나 납(Pb), 중금속 등 공기 중의 오염물질을 쉽게 축적한다. 실제로 산업 지역 근처에서 발견된 이끼 샘플에서는 정상 수치보다 최대 50배 이상의 중금속이 축적된 사례가 보고되었다. 이러한 지역에서 이끼는 점차 색이 어두워지고, 심한 경우 빠르게 말라 죽는다. 즉, 오염물질이 축적될수록 이끼의 상태와 색이 변하기 때문에, 이러한 변화를 통해 특정 지역의 대기 오염 정도를 효과적으로 파악할 수 있다.

2. 생태계 건강성 평가

이끼의 분포와 생장 상태는 생태계 건강성을 평가하는 중요한 기준이 된다. 물이끼(Sphagnum palustre)는 특히 물 보유 능력이 뛰어나 습지의 수분과 영양분을 오래 유지하는 데 크게 기여한다. 예를 들어, 비가 드문 사막에서도 은이끼(Bryum argenteum)와 같은 특정 이끼는 잘 자란다. 이는 주변 토양이 이끼 덕분에 수분을 더 오래 유지할 수 있기 때문이다. 한 연구에서는 이끼가 자생하는 토양의 pH, 양이온 교환 용량(CEC), 유기 탄소 농도가 다른 지역보다 30% 이상 높게 나타났다. 이끼는 주변 미생물과의 상호작용을 통해 생물 다양성을 증가시키며, 특히 시아노박테리아와 공생하여 다른 미생물의 서식을 돕는다. 생물다양성이 높은 삼림 지역에서는 다양한 종류의 이끼가 자생하며, 이는 해당 생태계의 생물다양성을 평가하는 중요한 기준이 된다.

3. 기후 변화 모니터링

이끼는 기후 변화에도 민감하게 반응하여 그 변화를 기록하는 역할을 한다. 예를 들어, 큰잎풍경이끼(Physcomitrium patens)는

[그림39] 물이끼

[그림40] 은이끼

대기 중 이산화탄소 농도가 높은 환경에서 생체량(현재 생물이 가지고 있는 유기물의 총량)이 최대 3배까지 증가하는 반응을 보인다. 이는 대기 중 이산화탄소 농도 상승에 따른 변화를 예측하는 데 중요한 지표로 사용된다. 또 다른 예로, 남극에 서식하는 남극바위이끼(Schistidium antarctici)는 -70°C에서 50°C에 이르는 극한 온도 변화를 견디며, 계절에 따라 유전자 발현 패턴이 달라진다. 이러한 연구를 통해 남극의 계절별 온도 변화에 따른 생존 전략을 이해하고, 기후 변화가 식물 생태계에 미치는 영향을 모델링하는 데 도움을 준다.

이처럼 이끼는 다양한 환경적 반응을 통해 환경 변화와 위기를 감지하는 중요한 지표로 활용될 수 있다. 구체적인 연구와 데이터를 바탕으로 이끼의 반응을 분석하면 환경 변화 모니터링과 기후 변화 대응 정책 수립에 중요한 기초 자료가 될 것이다.

[그림41] 큰잎풍경이끼

[그림42] 남극바위이끼

5

이끼와 함께 만드는
더 나은 미래

지구는 기후 변화, 환경 파괴, 자원 고갈 등 수많은 위기에 직면
해 있다. 우리는 이끼와 협력하여 더 나은 미래를 만들어 나가야
한다. 왜냐하면 이끼는 극한 환경에서도 살아남고, 탄소를 흡수하
며, 공기를 정화하고, 도시의 열섬 현상을 완화시키는 등의 놀라운
능력을 지니고 있기 때문이다. 그렇다면 어떠한 부분에서 어떻게
이끼와 협력해야 하는지 자세히 살펴보도록 하자.

1. 도시 녹화 및 탄소 흡수원 확대

이끼는 도시에서의 온도 상승을 완화하는 데 큰 효과가 있으며,
특히 열섬 현상을 해소하고 온열질환 발생을 줄일 수 있다. 은이끼
와 같은 이끼는 도심 내의 벽이나 건물 표면에 쉽게 자라며, 탄소를
흡수하여 공기를 정화하는 데 도움을 준다. 예를 들어 일본의 한
도시에서는 건물 외벽에 이끼를 설치해 평균 온도를 3℃까지 낮추

는 실험을 진행하였고, 이는 여름철 에어컨 사용량을 줄이는 데 기여했다. 이러한 녹화 방법은 도시 내 탄소 흡수원을 증가시켜 기후 변화 대응에 실질적 도움을 주고 있다.

2. 다층적 도시 숲 조성

이끼는 지표층(지표에서 몇 미터 정도 높이의 아주 얇은 대기층)이나 낮은 위치에서도 자라기 때문에 도시 숲의 다층적인 생태계 구성을 가능하게 한다. 경기도의 녹지 조례에서는 도시 숲 조성 시 이끼류를 활용한 다층적 녹화 방안을 제안하고 있다. 이와 같은 방법은 빽빽한 나무뿐 아니라 다양한 녹지 층을 확보할 수 있고, 더불어 생태계의 다양성을 높이게 된다. 특히 이끼가 포함된 도시 숲은 지표면의 수분을 오래 유지하고 토양의 질을 개선하여 다양한 생물의 서식을 도와, 도시 녹화에 유리하다.

3. 실증화 사업 추진

이끼가 극한 온도와 다양한 환경 조건에서도 잘 적응한다는 점을 활용해, 이끼의 최적 생육 조건과 높은 탄소 흡수율을 연구하는 실증화 사업이 추진되고 있다. 예를 들어, 북유럽의 한 실험에서는 물이끼가 습한 환경에서 대기 중의 CO_2를 흡수하는 효과가 크다는 것이 밝혀졌다. 이러한 연구는 다양한 기후 조건에서 최적의 탄소 중립 방안을 찾는 데 필수적이다. 우리나라에서도 이끼를 활용한 탄소 중립 실증화 사업을 통해 기후 변화 대응책을 강화해 나가고 있다.

4. 이끼의 대량 생산 기술 개발

기후 변화에 대응하기 위해서는 이끼를 안정적으로 공급할 수 있는 대량 생산 기술 개발이 필수적이다. 특히 탄소 흡수력이 우수한 큰잎풍경이끼와 같은 이끼를 대량 생산해 도시 녹화에 적용하는 방안이 연구되고 있다. 이를 통해 이끼가 탄소 중립에 기여하는 비율을 높이고, 실생활에서도 쉽게 활용할 수 있도록 함으로써 기후 변화 대응의 효율성을 높일 수 있을 것이다.

5. 국제 협력 및 수출 활성화

극한 환경에 잘 적응하는 늦은서리이끼(탄소꽃이끼 Racomitrium japonicum Dozy & Molk)와 같은 이끼는 다양한 기후 조건에서도 생존할 수 있어 수출 잠재력이 크다. 예를 들어, 몽골의 건조한 평야 지대나 북극의 극한 환경에서 이끼를 배양하고 활용하는 프로젝트가 진행 중이다. 이 프로젝트를 통해 기후 변화로 생태계가 파괴된 지역에서 이끼가 생태계를 복원하는 역할을 하게 하고, 이러한 기술력을 통해 연간 수천만 달러의 수출 기회를 확보할 수 있다.

6. 지속 가능한 일자리 창출

도시 녹화와 이끼 재배 관련 일자리를 통해 환경을 위한 지속 가능한 고용 기회도 창출할 수 있다. 이끼 재배와 관련한 환경 분야의 일자리는 도심의 환경 개선뿐 아니라 주민들에게도 일자리 기회를 제공해 사회적 가치를 높이는 방향으로 발전할 수 있다.

7. 다양한 도시녹화 면적 확보

이끼는 공공기관, 상업시설, 교육기관 등 다양한 환경에서 녹지 공간을 확장하는 데 중요한 역할을 한다. 특히 다중이용시설에서 이끼를 활용하면 건물 내외부의 공기 질 개선에 도움을 줄 수 있으며, 이끼의 공기정화 효과 덕분에 실내 환경이 개선되어 더욱 쾌적한 환경을 제공할 수 있다. 이처럼 이끼는 다양한 공간에 쉽게 적용할 수 있어 도시 내 녹지 공간을 확장하고, 도시민들에게 쾌적한 환경을 제공하는 데 기여한다.

이끼는 우리가 직면한 지구 환경 위기를 극복하는 데 중요한 역할을 할 수 있는 생명이다. 이끼의 뛰어난 탄소 흡수력과 공기 정화 능력, 극한 환경에서의 생존 능력은 기후 변화와 환경 파괴라는 난제를 해결하는 데 중요한 열쇠가 될 수 있다. 우리가 이끼와 협력하여 기후 변화에 대응하고 지속 가능한 도시 환경을 구축한다면, 더 나은 미래를 향해 나아갈 수 있을 것이다.

이 책은 바로 그러한 가능성을 제시하고, 이끼가 지구를 구할 방법을 탐구하는 작업의 일환으로 탄생했다.

이끼가 지구에, 환경과 인간에게 미치는 영향력은 생각보다 위대하다. 우리의 생각을 뛰어넘는 이끼적 사고에 우리는 빠르게 협력해야 한다. 이 책을 출간한 이유 역시 우리가 기후 변화와 환경 위기에 대응하기 위한 구체적인 해결책을 제시하고, 이끼와의 협력이 그 중심에 있음을 널리 알리는 데 있다. 이제 우리는 이 책을 통해 이끼와 손을 맞잡고, 건강하고 지속 가능한 미래를 향해 나아가야 한다.

에필로그

우리의 인생은 이끼와도 같다.

'시위를 떠난 화살'처럼 한 번 시작된 시간의 흐름은 멈출 수 없다. 마치 이끼가 시간이 흐름에 따라 천천히 자리를 잡아가듯이, 우리 역시 시간 속에서 살아가며 각자의 자리를 찾는다. 이끼는 작고 느리지만, 그 속에서 지속적으로 성장하며 주변 환경을 지키는 중요한 역할을 한다. 인생도 마찬가지다. 우리는 매 순간 조금씩 성장하고, 우리의 발자취는 시간이 지나면서 하나의 향기로 남게 된다.

이끼가 자라는 숲의 환경에서 각각 다른 모양과 역할을 하듯이, 우리의 인생도 시간의 흐름에 따라 다양한 모습을 띠게 된다. 유년기, 청년기, 장년기, 그리고 노년기에 걸쳐 우리의 인생은 저마다의 독특한 향기를 품는다. 유년기에는 활기찬 초록의 이끼처럼 밝고 신선한 향기가 나고, 청년기에는 더 넓은 곳으로 뻗어나가며 세상과 소통하려는 힘찬 향기가 풍긴다. 장년기와 노년기에는 깊이 뿌리 내린 이끼처럼 안정되고 진중한 향기가 우리의 삶을 채운다.

이끼는 천천히 자라지만, 그 속도는 시간을 초월하며 오랜 기간 지속된다. 마찬가지로 우리의 인생도 빨리 지나가는 것처럼 보이지만, 돌아보면 그 안에 수많은 순간과 기억이 차곡차곡 쌓여 있다.

이끼는 환경을 정화하고 새로운 생명이 자랄 수 있는 터전을 마련한다. 우리의 삶도 그러하다. 때로는 후회와 회한이 가득할 때도 있지만, 우리가 살아가며 남긴 작은 행동과 선택은 주변 사람들에게 영향을 미치고 더 나은 미래를 만드는 밑거름이 된다. 중국 삼국시대의 유비가 세월의 빠름을 슬퍼하며, 이루지 못한 성취를 아쉬워한 것처럼, 우리도 마찬가지로 보람 없는 시간을 낭비하는 것을 두려워할 수 있다. 그러나 이끼처럼 작고 꾸준한 노력이 모이면 결국 커다란 변화를 만들어낸다.

세상은 수많은 이끼와 같은 존재들이 각자의 자리에서 향기를 뿜어내며 만들어진다. 당신의 삶은 어떤 향기를 가지고 있는가? 이끼처럼 소박하지만 강한 힘을 지닌 삶의 향기를, 그리고 그 향기가 세상을 더 아름답게 만들기를 바란다.

위야(爲也) 이준택

세상을 바꿀 태초의 힘
이끼적 사고

초판 1쇄 인쇄 2025년 1월 20일
1쇄 발행 2025년 2월 5일

지은이 이준택
펴낸이 전지윤
책　임 최대중
편　집 신지은
디자인 박정호

펴낸곳 리드썸
출판등록 2023년 8월 11일
신고번호 제 2023-000055호
주소 경기도 화성시 동탄대로 683, SH스퀘어2 339호
이메일 readsome@naver.com

ISBN 979-11-93797-05-1(03480)